水利标准编写常见错误案例分析

于爱华 武秀侠 等 著

中国水利水电出版社
www.waterpub.com.cn

·北京·

内 容 提 要

标准作为一种规范性文件，有别于其他报告，在用词用语及表达方式等方面有其专门的格式体例要求，标准编写是否规范，直接关乎标准质量，同时也不同程度地影响到标准的理解和执行效果。本书对比分析了水利标准编写依据的标准规定，利用标准编制过程中标准体例格式复读以及阶段材料审查发现的常见错误案例，从标准编写体例的选择、标准名称和范围的确定以及技术内容等 20 个方面进行全面分析，旨在为标准体例格式审查人员和编写人员提供参考。

本书可作为研究和编制标准人员的指导手册，也可作为水利行业各企事业单位、科研院所，培养标准化人才的培训教材。

图书在版编目（C I P）数据

水利标准编写常见错误案例分析 ／ 于爱华等著. --
北京 ： 中国水利水电出版社，2023.10
ISBN 978-7-5226-1898-2

Ⅰ．①水… Ⅱ．①于… Ⅲ．①水利工程－行业标准－
文件－编制－中国 Ⅳ．①TV-65

中国国家版本馆CIP数据核字(2023)第209995号

书　　名	水利标准编写常见错误案例分析 SHUILI BIAOZHUN BIANXIE CHANGJIAN CUOWU ANLI FENXI
作　　者	于爱华　武秀侠　齐　莹　盛春花　刘　彧　霍炜洁　周静雯　董长娟　著
出版发行	中国水利水电出版社 （北京市海淀区玉渊潭南路 1 号 D 座　100038） 网址：www. waterpub. com. cn E - mail：sales@mwr. gov. cn 电话：(010) 68545888（营销中心）
经　　售	北京科水图书销售有限公司 电话：(010) 68545874、63202643 全国各地新华书店和相关出版物销售网点
排　　版	中国水利水电出版社微机排版中心
印　　刷	北京印匠彩色印刷有限公司
规　　格	184mm×260mm　16 开本　9.75 印张　237 千字
版　　次	2023 年 10 月第 1 版　2023 年 10 月第 1 次印刷
印　　数	0001—1000 册
定　　价	**58.00 元**

前　言

标准作为一种规范性文件，有别于其他科技论文、法律法规以及论著等，在用词、用语及表达方式等方面有其专门的体例格式要求。标准编写是否规范，直接关乎标准质量，同时也不同程度地影响标准的理解和执行效果。

水利标准主要包括国家标准、行业标准、地方标准、团体标准、企业标准，可以归纳为工程建设类与非工程建设类。

水利标准主管部门明确规定了水利标准编写应采用的体例格式。工程建设类国家标准主要依据《工程建设标准编写规定》（建标〔2008〕182号）；工程建设类行业标准主要依据 SL/T 1—2024《水利技术标准编写规程》；非工程建设类国家标准和行业标准主要依据 GB/T 1.1—2020《标准化工作导则　第1部分：标准化文件的结构和起草规则》。另外还有一些专属类型的标准，如术语和符号、信息分类与代码、化学分析方法以及测量仪器的检定和校准等，其编写执行相关标准规定。

由于工程建设类与非工程建设类标准的编写体例格式存在较大差异，编写人员因对标准编写要求了解不深，而经常混淆、误用，甚至错用，返工、重写现象时有发生，严重影响了标准编制进度和标准质量。另外，因标准编制存在的不足，给使用者带来极大不便，影响标准效益的发挥。

本书对比分析了水利标准编写依据的相关规定，利用标准编制过程中标准体例格式复读以及阶段材料审查发现的常见错误案例200余项，从标准编写体例的选择、标准名称和范围的确定以及技术内容等20个方面进行分析，旨在为标准体例格式审查人员和编写人员提供参考。

由于时间仓促和作者水平有限，书中难免存在错误、疏漏之处，敬请标准化界各位同仁和广大读者批评指正。

作者

2023 年 8 月

目　录

1　概　　述

标准是经济活动和社会发展的技术支撑，是国家治理体系和治理能力现代化的基础性制度。水利标准是国家标准体系的重要组成部分，在支撑新阶段水利高质量发展中发挥着积极作用。《水利标准化工作管理办法》（水国科〔2022〕297号）第二条规定："水利标准包括国家标准、行业标准、地方标准和团体标准、企业标准。"国家标准、行业标准、地方标准是政府主导制定的标准，团体标准和企业标准是市场主导制定的标准，各类标准均可分为工程建设和非工程建设标准。标准的性质、发布机构、工作重点见图1.1。

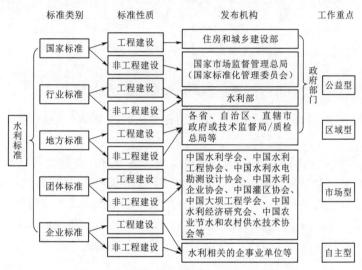

图1.1　水利技术标准的分类和发布机构

标准作为特殊的规范性文件，其编写区别于科技论文、法律法规以及论著等，有严格的编写程序要求（见图1.2），且不同发布机构标准编写体例格式也不相同。仅就水利部组织编制的国家标准来说，就分为由住房和城乡建设部、国家市场监督管理总局联合发布的水利工程建设标准、由国家市场监督管理总局和国家标准化管理委员会联合发布的水利非工程建设标准。两个发布主体均对标准编制设立了不同的编写规定，编写体例格式各不相同。同时，水利行业根据本行业的特点，其技术标准编写也有独特性要求。随着地方标准和团体标准的发展，很多标准的编制往往也采用了本行业标准编写的格式体例。

工程建设类水利标准主要内容以工程建设及其管理为主体，以工程、建筑物、水库堤坝、金属结构、泵站电站为标准名，且不含"产品、仪器设备、系统及装置等"；非工程建设类水利标准主要以基础性、综合性以及通用性为主，包括产品、仪器设备或装置、系统等标准化对象，材料试验、检验检测、预警预案预测预报、质量评定等功能，专业术语和符号、制图以及信息化等专业。[1]

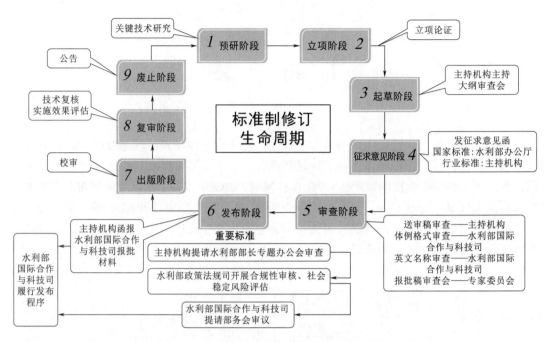

图 1.2　水利标准制修订生命周期及工作重点

编制组在标准编写过程中，如不掌握上述各类标准编写要求，往往出现几种体例格式的混淆错用。

从 2019 年开始，水利技术标准主管部门水利部国际合作与科技司将标准评估纳入日常管理。首先对 800 余项现行有效水利标准进行实施效果评估。评估内容不仅仅是技术内容，同时也包括标准的体例格式。在评估过程中发现，体例格式出现的问题较为突出，如标准的用词用语、条款编号、排版格式、图表以及公式的编号和表示等都存在不同程度的错误，不仅影响了标准文本的质量，更影响了标准的有效实施。综合来看，主要集中在以下几方面：

（1）对标准编写要求和相应规定不掌握。

（2）对标准定位不清，错用体例格式。

（3）对各种体例格式的区别与联系认识不清，造成混用。

（4）对体例格式适用对象和相关规定辨别不清，不按要求编写。

因此，从源头解决标准体例格式问题的最佳时机在标准编制阶段。编写人员在编制前熟悉相应的标准编写体例格式规定，就会避免编制过程出现体例格式方面的错误。目前，标准体例格式审查，安排在送审稿审查会之后、报批稿审查会之前（见图 1.2），两个审查会的审查要求和审查重点有所不同，送审稿审查会要求做到逐条审查，而报批稿审查会是对送审稿、送审稿意见汇总处理、体例格式复读意见汇总处理等的全面复核。体例格式的修改，如模糊词的修改、条文说明中存在技术规定或延伸规定的修改等，往往涉及技术指标或内容的修改。若修改意见较多，就会加大报批稿审查会技术专家的审查难度。

2 水利标准常用标准编写体例格式

根据水利标准功能类型的不同，在编写过程中依据的体例格式也有所不同[2]。下面简要介绍水利技术标准编写的几种常用体例格式。

（1）《工程建设标准编写规定》（建标〔2008〕182号）[3]、《工程建设标准局部修订管理办法》（建标〔1994〕219号）[4]。这两项规定是原建设部发布的有关工程建设国家标准编写的相关规定。

（2）GB/T 1.1—2020《标准化工作导则 第1部分：标准化文件的结构和起草规则》[5]。该标准是国家市场监督管理总局和国家标准化管理委员会联合批准发布的标准编写共同遵守的基础标准。我国产品类标准一般都按该标准的有关要求进行编制。

（3）SL/T 1—2024《水利技术标准编写规程》[6]。该标准参照了原建设部"建标〔2008〕182号"和GB/T 1.1—2020的有关规定，结合了水利行业管理特色，体现了标准业务司局的技术权威，适用于水利水电工程通用、规划、勘测、设计、施工与安装、监理与验收、监测预测、运行维护、材料与试验、质量与安全、监督与评价、节约用水等工程建设类水利技术标准的编制。非工程建设类水利技术标准的公告、前言及标准历次版本编写者信息的内容应按本标准的规定执行，其他部分的编写应按相应标准的起草规则执行。

（4）其他专属类型的标准编写，如原国家质量监督检验检疫总局发布的JJF 1002—2010《国家计量检定规程编写规则》[7]和JJF 1071—2010《国家计量校准规范编写规则》[8]，与JJF 1001—2011《通用计量术语及定义》[9]、JJF 1059.1—2012《测量不确定度评定与表示》[10]共同构成支撑水利工程检测仪器设备检定/校验规程制修订工作的基础性系列规范。其他专属类型的标准编写执行的体例格式见表2.1。

表 2.1 专属类型的标准编写执行的体例格式

标准类别	体例格式执行的标准（文件）	发布单位
术语	GB/T 20001.1—2001《标准编写规则 第1部分：术语》[11]	原国家质量监督检验检疫总局、国家标准化管理委员会联合发布
符号	GB/T 20001.2—2015《标准编写规则 第2部分：符号标准》[12]	
信息分类与代码	GB/T 20001.3—2015《标准编写规则 第3部分：分类标准》[13]	
化学分析方法	GB/T 20001.4—2015《标准编写规则 第4部分：试验方法标准》[14]	
工程项目建设	《工程项目建设标准编写规定》（建标〔2007〕144号）	原建设部
计量检定规程	JJF 1002—2010《国家计量检定规程编写规则》	原国家质量监督检验检疫总局
计量校准规范	JJF 1071—2010《国家计量校准规范编写规则》	

3 水利标准编写体例格式选用规则

根据功能特性水利标准分为工程建设类和非工程建设类[16]。在标准编写过程中因标准功能属性的不同，所依据的体例格式也有所不同。水利标准体例格式要求见表3.1。

表 3.1　　　　　　　　　　　　水利标准体例格式要求

标准类别		体例格式执行的标准（文件）
工程建设类	国家标准	《工程建设标准编写规定》（建标〔2008〕182 号）
	行业标准	SL/T 1—2024《水利技术标准编写规程》
	团体标准	
	地方标准	
	企业标准	
非工程建设类	国家标准	GB/T 1.1—2020《标准化工作导则　第 1 部分：标准化文件的结构和起草规则》
	行业标准	只有前言部分依据 SL/T 1—2024《水利技术标准编写规程》，其他部分依据 GB/T 1.1—2020《标准化工作导则　第 1 部分：标准化文件的结构和起草规则》以及相应的起草规则
	团体标准	只有前言有各自的规定，其他部分依据 GB/T 1.1—2020《标准化工作导则　第 1 部分：标准化文件的结构和起草规则》以及相应的起草规则
	地方标准	
	企业标准	

《工程建设标准编写规定》、SL/T 1—2024 以及 GB/T 1.1—2020 三项标准编写体例格式要求均有所不同，掌握其区别与联系，在细节上就不易出错。将编写过程中常易混淆的要求，用表格对比的方式加以说明，详见附表水利标准编写常用标准的区别与联系。

4 水利标准编写常见错误案例分析

4.1 标 准 名 称

4.1.1 相关规定

标准名称反映标准主题，由标准对象名称、标准用途术语和特征名组成，或由标准对象名称和特征名两部分组成。规程、规范、导则、指南等作为标准的特征名，代表着不同用途（见图4.1），统称为"标准"。

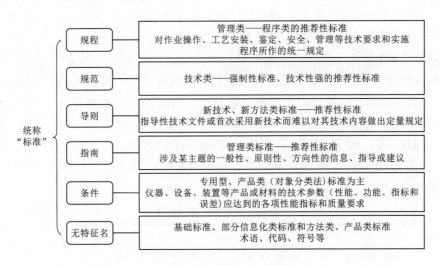

图 4.1 标准特征名及用途

根据标准用途可将标准分为工程建设类和非工程建设类。其编写规定如下。

1. 工程建设类标准

主要依据《工程建设标准编写规定》（建标〔2008〕182号）和 SL/T 1—2024《水利技术标准编写规程》，两者均对标准名称提出"应简练明确地反映标准主题"的要求，且宜由标准对象、用途和特征名三部分组成。

《工程建设标准编写规定》（建标〔2008〕182号）采用"标准""规范"或"规程"作为特征名；SL/T 1 除"建标〔2008〕182号"规定的特征名外，还提出采用"导则""指南"等，并对其使用做出如下规定：

（1）强制性标准、技术性强的推荐性标准，采用"规范"。

（2）程序类的推荐性标准，采用"规程"。

（3）产品类标准中规定产品应达到的各项性能指标和质量要求的，采用"技术条件"。

（4）指导性技术文件或首次采用新技术而难以对其技术内容做出定量规定的推荐性标准，采用"导则"。

（5）涉及某主题的一般性、原则性、方向性的信息、指导或建议的推荐性标准，采用"指南"。

SL/T 1 还规定"亦可无特征名"，如 SL/T 349—2019《水文数据库表结构及标识符》。

除此之外，当标准内容涵盖规划、勘测、设计、施工与安装、监理与验收、监测预测、运行维护、材料与试验、质量与安全、监督与评价等两种或两种以上用途时，标准用途主题词可采用"技术"一词概括。

2. 非工程建设类标准

主要依据 GB/T 1.1—2020《标准化工作导则　第 1 部分：标准化文件的结构和起草规则》，该标准对标准名称也提出"清晰、简明"的要求，且由"不多于以下三种"元素：

（1）引导元素：为可选元素，表示文件所属的领域。

（2）主体元素：为必备元素，表示上述领域内文件所涉及的标准化对象。

（3）补充元素：为可选元素，表示上述标准化对象的特殊方向，或者给出某文件与其他文件，或分为若干文件的各部分之间的区分信息。

3. 工程与非工程建设类标准名称差异

"建标〔2008〕182 号"和 SL/T 1—2024、GB/T 1.1—2020 对标准名称规定的共同点：均有"英文名称"的要求；不同点是名称的构成要素叫法存在差异。SL/T 1—2024 对标准特征名给出明确规定，GB/T 1.1—2020 提出不应包含"……标准""……国家标准""……行业标准"或"……标准化指导性技术文件"等词语，宜用"术语""符号、图形符号、标志""分类、编码""试验方法、……的测定""规范""规程""指南"等功能类型的词语。主要区别见表 4.1。

表 4.1　　　　　　　　三种标准"范围"要求对比

分类	工程建设类		非工程建设类	
	国家标准	水利行业标准	水利行业标准	国家标准
编写依据	《工程建设标准编写规定》	SL/T 1—2024	GB/T 1.1—2020	
总要求	应简练明确地反映标准主题		对文件所覆盖的主题的清晰、简明的描述	
组成	宜由标准对象、用途和特征名三部分组成		所使用的元素应不多于以下三种： a）引导元素：为可选元素，表示文件所属的领域， b）主体元素：为必备元素，表示上述领域内文件所涉及的标准化对象。 c）补充元素：为可选元素，表示上述标准化对象的特殊方向，或者给出某文件与其他文件，或分为若干的文件的各部分之间的区分信息	

分类	工程建设类		非工程建设类	
	国家标准	水利行业标准	水利行业标准	国家标准
编写依据	《工程建设标准编写规定》	SL/T 1—2024	GB/T 1.1—2020	
特征名	"规范"或"规程"作为特征名。 注：住房城乡建设部标准定额司发布《关于统一变更工程建设标准特征名的通知》；2015 年及以前下达的工程建设标准在编项目（包括已报就且未发布的项目，以下简称"在编标准项目"），其特征名应进行统一变更，即全文强制的为"规范"，其他均为"标准"	"规范"或"规程""技术条件""导则""指南"等，并对其使用做出如下规定： 1）强制性标准、技术性强的推荐性标准，采用"规范"； 2）程序类的推荐性标准，采用"规程"； 3）产品类标准中规定产品应达到的各项性能指标和质量要求的，采用"技术条件"； 4）首次采用新技术而难以对其技术内容做出定量规定的推荐性标准，采用"导则"； 5）涉及某主题的一般性、原则性、方向性的信息、指导或建议的推荐性标准，采用"指南"； SL/T 1 还提出"亦可无特征名"。当标准内容涵盖规划、勘测等两种或两种以上用途时，标准用途主题词可采用"技术"一词概括。		不应包含"……标准""……国家标准""……行业标准"或"……标准化指导性技术文件"等词语。 宜用"术语""符号、图形符号、标志""分类、编码""试验方法、……的测定""规范""规程""指南"等功能类型的词语

4. 水利工程检验检测类标准

水利行业检验检测机构担负着为社会和经济发展提供公正、科学技术支撑的使命。为确保检验检测结果的准确性，水利行业检验检测机构的设施应满足相关标准要求或技术规范要求，确保检验检测结果的计量溯源性。水利行业检验检测机构在工作中常常用到"检定""校准""校验""检验"等专业名词及相关标准。其中，检定规程是法规，校准规范是标准；从执行情况看，检定规程注重的是过程，校准规范注重的是结果；从特性看，检定规程偏重于量值传递范畴，对检定对象一定要有结论，校准规范偏重于量值溯源范畴，对校准对象不做结论，结果由用户判定。检定主要用于有法制要求的场合，对无法制要求的场合可根据条件自由选用；校准主要用于准确度要求较高，或受条件限制，必须使用较低准确度计量器具进行较高测量要求的地方；校验主要用于无检定规程的场合的新产品、专用计量器具，或准确度相对要求较低的计量检测仪器及用于校验的试验硬件或软件。检验作为使用者日常校验的依据，用规定的方法进行校准与试验以确保测量结果的准确可靠。"检定""校准""校验""检验"四者区别与联系见表 4.2。

水利工程检验检测类标准从标准特征名即可判断出其法律效力、发布实施主体、标准对象以及证书结果要求等。所以水利工程检验检测类标准的编制依据、章节框架以及体例要求有其特殊性，但标准名称易错点与其他标准一样，有其共同特点。

表 4.2　检定、校准、校验、检验区别与联系

名称	概念	目的	对象	性质	开展依据	示例	证书结果
检定	"计量器具的检定"简称"计量检定"或"检定"，查明和确认计量器具是否符合法定要求的程序，包括检查、加标记和（或）出具检定证书。（来源：JJF 1001—2011，9.17）	对测量装置进行全面评定。这种全面评定属于强制性计量确认的范畴，是自上而下的量值传递过程	《中华人民共和国计量法》第九条规定的对象。主要是三个大类的计量器具：1. 计量基准（包括国际计量基准和国家计量基准）；2. 计量标准；3. 列入强制检定目录的计量器具	具有法制性，属法制计量管理范畴	国务院计量行政部门制定的国家检定系统表和计量检定规程。如果没有《国家计量检定规程》(JJG)，则依据国务院有关主管部门或省、自治区、直辖市人民政府的部门和地方计量检定规程	1. 国家计量检定规程：JJG 161—2010《标准水银温度计检定规程》；2. 水利部部门计量检定规程 JJG（水利）005—2017《翻斗式雨量计》等	凡是依据计量检定规程实施检定，结论为"合格"的出具检定证书。检定结果出具为不合格的，出具"检定结果通知书"
校准	在规定条件下的一组操作。其第一步操作是由测量标准提供的量值与相应示值之间的关系，此信息用于评定测量标准的关系。第二部则是用这里信息确定由示值获得测量结果的关系。这里的量值与相应测量标准提供的示值都有测量不确定度。（来源：JJF 1001—2011，4.10）	对照计量标准，评定测量器具的示值误差，确保量值准确，属于自下而上量值溯源操作	除强制检定之外的计量器具和测量仪器	不具有法制性，属自愿的溯源行为	校准规范或校准方法。首选《国家计量技术规范》(JJF)，没有国家计量技术规范，可使用公开发布的国际的、地区的或国家标准中的技术部分，或检定规程中的校准部分。或依据制造商公布的最新方法，还可以使用自编的校准方法。自编校准方法文件应依据国家计量技术规范 JJF 1071《国家计量校准规范编写规则》进行编写、经确认后使用	1. 国家计量技术规范：GB/T 21699—2008《直线明渠中的转子式流速仪检定/校准方法》；2. 地方计量技术规范：JJF（桂）58—2018《答量筒校准规范》等	由外部机构完成的校准工作需出具"校准证书"或"校准报告"。由机构内部自行完成的可不出具"校准证书"或"校准报告"，直接提供满足校准记录，但需满足相关校准规范文件要求

续表

名称	概念	目的	对象	性质	开展依据	示例	证书结果
校验	在尚没有检定规程和检定系统的条件下，评定计量器具的计量检测性能，确定其是否合格，根据需要所进行的全部工作。（JJF 1021—1990 附录3中的定义）	评定计量器具的计量检测性能，确定其是否合格	主要用于专用计量器具	获得专用计量器具校验授权的校验机构出具的"校验证书"是被相关部门认可的，其他的均不予认可	计量器具的校验方法。没有相关校验方法则可参考JJF 1021—1990 附录2的规定编写校验方法。送部门计量管理机构和当地省级计量行政部门备案	GB/T 30952—2014《水位试验台校验方法》、SL 233—2016《水工与河工模型试验常用仪器校验方法》等	出具校验证书或试验报告，并给出合格与否的结论
检验	为了检查计量器具的检定或检验证书是否有效，保护检定后标志是否损坏、经检定后的计量器具是否受到明显变动，以及其误差过是否超过使用中的一种误差检查。（JJF 1001—1998，9.19）	为了检查计量器具的检定或检验证书是否有效，保护检定后标志是否损坏、经检定后的计量器具是否受到明显变动，以及其误差是否超过使用中的最大允许误差	计量器具	属自愿行为	计量器具的检验方法。可参考JJF 1021—1990 附录2的规定编写、报备	SL 138—2011《水工混凝土标准养护室检验方法》、SL 126—2011《砂石料试验筛检验方法》等	给出合格与否结论，出具检验报告

9

4.1.2　易错点

从表 4.1 中即可看出三种标准在标准名称方面的规定有所区别，标准编制过程中往往出现错误的也是在区别之处。如标准的特征名、标准名称的组成等。另外，对仪器的检定、校准、检验、校验等概念不清楚也经常出现特征名不准确的现象。

（1）标准中文名称不适宜。

（2）标准英文名称大小写有误。

（3）多个部分组成的标准英文名称及连接有误。

（4）标准功能与标准名称不匹配。

（5）标准代码和编号间缺少空格。

4.1.3　案例分析

（1）标准中文名称不适宜。工程建设类标准特征名与非工程建设类标准的特征名要求有所不同。如工程建设类标准特征名可采用"标准"，见示例 1；非工程建设类标准编写依据是 GB/T 1.1—2020，其 6.1.4.1 条规定"文件名称不必描述文件作为'标准'或'标准化指导性技术文件'的类别，不应包含'……标准'等词语"，见示例 2 和示例 3；工程建设类水利行业标准，在特征名方面有更为详细规定，见示例 4～示例 7。

示例 1：工程建设类国家标准。

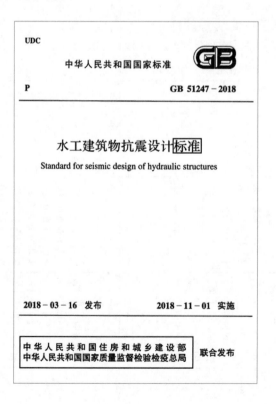

示例2：非工程建设类国家标准。

ICS 03
A 00

中华人民共和国国家标准

GB/T 37072—2018

美丽乡村建设评价

Evaluation for the construction of beautiful villages

2018-12-28 发布　　　　　　　　　　　2018-12-28 实施

国家市场监督管理总局
中国国家标准化管理委员会　发布

示例3：非工程建设类水利行业标准。

水利遗产认定标准

Standards for the Identification of the Water Heritage

> 非工程建设类标准特征名中
> 不应包含"……标准"；
> 英文名称除首字母大写外，
> 其他为小写。

更正：

水利遗产认定

Identification of the water heritage

示例 4：工程建设类水利行业标准。

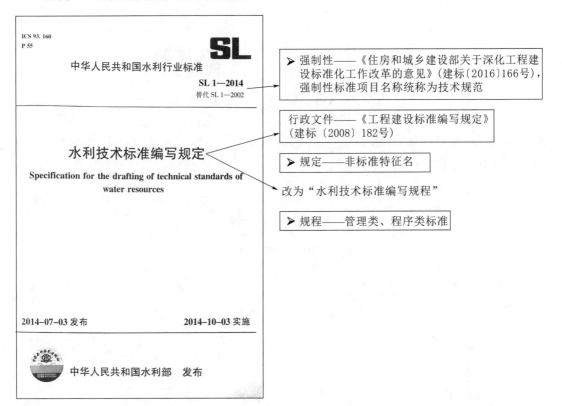

SL/T 1—2024《水利技术标准编写规程》编制时主要依据《工程建设标准编写规定》（建标〔2008〕182号），从文号即可看出，工程建设标准编写规定不是标准，而是行政文件。"规定"非标准特征名，另外，随着《中华人民共和国标准化法》修订后，对于强制性标准，《住房和城乡建设部关于深化工程建设标准化工作改革的意见》（建标〔2016〕166号）规定，强制性标准项目名称统称为"技术规范"。SL 1应改为"SL/T 1"。水利技术标准编写属于非工程建设类中的管理类的规定，标准特征名用"规程"较为适宜。故标准名称更名为"水利技术标准编写规程"。

示例 5～示例 7 为工程建设类水利行业标准的特征名确立过程。

示例 5：SL 616—2013《水利水电工程水力学原型观测规范》，立项时申请的名称为"水利枢纽水力学原型观测规范"，其适用范围为水利水电工程中的过水建筑物在工程设计、安全评价、工程验收以及运行期的水力学原型观测。主要技术内容包括基本规定、观测方法、观测准备与观测组织、观测资料整理与分析等。标准名称与适用范围出现了内涵与外延的不一致，经审查专家和编制组商议，确定将标准名称由立项时的"水利枢纽水力学原型观测规范"改为"水利水电工程水力学原型观测规范"。

示例 6：《岩土离心模拟试验规程》（在编），立项时申请的名称为"岩土离心机试验技术规程"，其适用范围为各类岩土工程的离心模型试验。主要技术内容包括：试验室及试验设备；数据采集与模型观测；模型材料；模型设计与制作；静力模型试验；动力模型试验；试验结果与整理；安全检查与防护等。在大纲审查时发现，一是标准对象与标准用途不匹配，"岩土离心机试验技术规程"的标准化对象为"离心机"，而标准用途为"离心模拟试验"；二是标准名称与标准内容不匹配，"离心机"为产品，而内容为"模拟试验"，标准名称的内延和外涵不对等。经审议更名为《岩土离心模拟试验规程》。

示例 7：《水工建筑物伸缩缝聚脲（氨酯）防水材料应用技术规程》（在编），立项时申请的名称为"水工建筑物伸缩缝聚脲（氨酯）防水材料技术条件"，其适用范围为水工建筑物伸缩缝用的聚脲（氨酯）防水材料的应用。主要技术内容包括水工建筑物伸缩缝聚脲（氨酯）防水材料分类和标记、技术要求、试验方法、检验规则、标志、包装、运输和贮存等。在 SL/T 1 中规定"产品类标准中规定产品应达到的各项性能指标和质量要求的，采用'技术条件'"；从该标准的适用范围来看，落脚点为"材料的应用"，而非"技术条件"，从标准内容来看，是对"水工建筑物伸缩缝聚脲（氨酯）防水材料"的非选型、生产过程，更多的实施过程。故更名为《水工建筑物伸缩缝聚脲（氨酯）防水材料应用技术规程》。

（2）标准英文名称大小写有误。

示例：

> SL/T 1规定，标准英文名称除第一个单词的首字母应大写外，其余字母应小写。

更正：

（3）多个部分组成的标准英文名称及连接有误。由多个部分组成的标准，整体标准英文名称和各个部分英文名称均应首字母大写，其余字母小写。各要素之间的连接号为一字线，标准英文名称大小写有误。

示例：

> 建设项目水资源论证导则
>
> 第 1 部分：水利水电建设项目
>
> Guidelines for water-draw and utilization assessment on construction projects Part 1：water resources and hydropower construction projects

由多个部分组成的标准，整体标准英文名称和各个部分英文名称均应首字母大写，其余字母小写。各要素之间的连接号为一字线。

更正：

> 建设项目水资源论证导则
>
> 第 1 部分：水利水电建设项目
>
> Guidelines for water-draw and utilization assessment on construction projects—Part 1：Water resources and hydropower construction projects

（4）标准名称与功能不匹配。

示例 1：

> 水电工程混凝土试验仪器校验方法
>
> Validation method for instruments and equipments of concrete test for hydropower engineering

从标准内容看，该标准属于程序类的推荐性标准，用"规程"更准确。

更正：

> 水电工程混凝土试验仪器校验规程
>
> Validation regulation for instruments and equipments of concrete test for hydropower engineering

示例 2：

> 砂料标准筛检验方法
>
> SL 126—95

非"标准筛"，是实验室用的试验筛。

更正：

> 砂石料试验筛检验方法
>
> SL 126—2011
> 替代 SL 126—95

示例3:

更正:

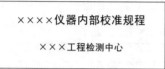

示例4:

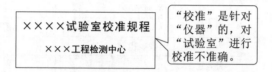

更正:

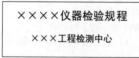

(5) 标准代码和编号间缺少空格。

错误示例1:

> 本文件按照 GB/T1.1—2020《标准化工作导则　第1部分:标准化文件的结构和起草规则》的规定起草。

更正:

> 本文件按照 GB/T 1.1—2020《标准化工作导则　第1部分:标准化文件的结构和起草规则》的规定起草。

错误示例2:

> **7.1.1** 应根据 SL/T278 、SL77 或 DL/T5431 有关要求,进行还原计算与合理性分析。

更正:

> **7.1.1** 应根据 SL/T 278 、SL 77 或 DL/T 5431 有关要求,进行还原计算与合理性分析。

4.2　前　言

4.2.1　相关规定

《工程建设标准编写规定》（建标〔2008〕182号）、SL/T 1—2024《水利技术标准编写规程》、GB/T 1.1—2020《标准化工作导则　第1部分：标准化文件的结构和起草规则》三者对标准"前言"规定的格式各不相同。见表4.3。

表4.3　　　　　　　　　　　　三种标准"前言"要求对比

分类		工程建设类		非工程建设类
		国家标准	水利行业标准	国家标准
编写依据		《工程建设标准编写规定》	SL/T 1—2024	GB/T 1.1—2020
前言	位置	在目次的前面	在目次的前面	在目次的后面
	起草规则	未要求	需列出	需列出
	任务来源	需表述		无需表述
	编制工作过程	简要叙述	无需表述	
	主要技术内容	需表述		无需表述
	修订内容	需表述		
	历次版本信息	未要求	需列出	
	专利说明	未要求	标准内容中有涉及专利的，应注明专利免责内容，并采用"请注意本标准的某些内容可能涉及专利。本标准的发布机构不承担识别专利的责任"典型用语	需说明
	标准的管理部门	需给出管理部门、日常管理部门	需给出标准的批准部门、主持机构	需给出标准的提出和归口部门
	技术审查人员	需列出主要审查人员	只列审查组长	无需列出
	体例格式审查人	无需列出	需列出	无需列出
	编写单位及人员	主编单位、参编单位及主要起草人		起草单位和主要起草人
	解释部门及邮编、通信地址	未要求	需列出	未要求

	内容框架	标准任务来源
		概述编制主要工作和主要技术内容修订的标准，简述主要变更情况强制性条文要求
		标准管理部门、日常管理机构、解释单位名称、邮编和通信地址
		主编单位、参编单位、主要起草人和主要审查人员名单
			特定部分{
			标准任务来源
			起草规则
			分部分的标准，所属部分情况
			替代的标准
			标准主要技术内容
			修订的标准，简述主要变化
			历次版本信息
			强制性、推荐性说明
			注明专利免责内容
			基本部分{
			本标准批准部门
			本标准主持机构
			本标准解释单位
			本标准主编单位
			参编单位（如有）
			出版、发行单位
			本标准主要起草人
			本标准审查会议技术负责人
			本标准体例格式审查人
			本标准主管机构的通信地址、电话号码和电子邮箱等
				起草依据的标准
				与其他标准的关系
				与国际文件的关系
				与替代标准的关系
				专利说明
				提出和归口单位信息
				起草单位
				主要起草人
				历次版本信息

4.2.2　易错点

从表 4.3 可以看出，在水利行业标准中，不论是工程建设类还是非工程建设类，前言要求是一样的。与国家标准（工程建设类和非工程建设类）的要求有所不同，经常出现混淆。常见错误如下：

（1）缺编制体例说明。

（2）内容累赘多余。

（3）标准的主要技术内容介绍。

（4）修订的标准重要变化未写。

（5）修订的标准未提及"历次版本信息"。

4.2.3　案例分析

示例 1 为工程建设类国家标准的前言部分，无需列出标准编写体例格式依据的标准名称；示例 2 为非工程建设类国家标准的前言部分，需列出标准编写体例格式依据的标准名称；示例 3 为水利行业标准（包括工程建设类和非工程建设类）的前言部分，需列出标准编写任务来源和编写体例格式依据的标准名称。

示例 1：工程建设类国家标准。

前　言

本规范是根据原建设部《关于印发〈2007 年工程建设标准规范制订、修订计划（第一批）〉的通知》（建标〔2007〕125 号）的要求，由水利部水利水电规划设计总院、广东省水利水电科学研究院、浙江省水利水电勘测设计院会同有关单位共同编制完成的。

示例 2：非工程建设类国家标准。

前　言

本文件按照 GB/T 1.1—2020《标准化工作导则　第 1 部分：标准化文件的结构和起草规则》的规定起草。

示例 3：水利行业标准（包括工程建设类和非工程建设类）。

前　言

根据水利部水利行业标准制修订计划安排，按照 GB/T 1.1—2020《标准化工作导则　第 1 部分：标准化文件的结构和起草规则》，对 SL 34—2013《水文站网规划技术导则》进行修订。

（1）缺编制体例说明。

示例 1：工程建设类国家标准。

前　言

　　本规范是根据水利部 2008 年标准制修订工作计划以及原建设部《关于印发〈2007 年工程建设标准规范制订、修订计划（第一批）〉的通知》（建标〔2007〕125 号）的要求，按照《工程建设标准编写规定》（建标〔2008〕182 号）规定，由中国水利水电科学研究院会同有关单位编制完成的。

> 缺标准编制过程介绍。

更正：

前　言

　　本规范是根据原建设部《关于印发〈2007 年工程建设标准规范制订、修订计划（第一批）〉的通知》（建标〔2007〕125 号）以及水利部 2008 年标准制修订工作计划的要求，按照《工程建设标准编写规定》（建标〔2008〕182 号）规定，在广泛开展调查研究、认真总结全国橡胶坝工程实际经验并在广泛征求意见的基础上，由中国水利水电科学研究院会同有关单位编制完成的。

　　示例 2：非工程建设类水利标准

前　言

　　本标准由××××单位会同有关单位共同编制。在编制过程中，紧密结合工程建设行业，对行业开展质量信得过班组建设活动以来的实践经验进行了广泛的调查研究并加以总结提炼，为健全质量信得过班组建设工作管理体系，提高建设活动水平提供了依据。本标准在广泛征求意见的基础上，通过反复讨论、修改和完善，经审查定稿。

> 该标准为非工程建设类标准：
> 1）未提及标准编写体例所依据的标准；
> 2）无需叙述编制过程。

更正：

前　言

　　本文件按照 GB/T 1.1—2020《标准化工作导则　第 1 部分：标准化文件的结构和起草规则》的规定起草。

　　（2）内容累赘多余。
　　示例：

前　言

　　根据水利部水利行业标准制修订计划安排，按照 GB/T 1.1—2020《标准化工作导则　第 1 部分：标准化文件的结构和起草规则》，对 SL 34—2013《水文站网规划技术导则》进行修订，修订后标准名称不变。

> 标准名称未发生变化的，无需说明。

更正：

> **前　言**
>
> 　　根据水利部水利行业标准制修订计划安排，按照 GB/T 1.1—2020《标准化工作导则　第 1 部分：标准化文件的结构和起草规则》，对 SL 34—2013《水文站网规划技术导则》进行修订。

（3）标准主要技术内容介绍，应写出技术篇章的内容。必备项如总则、术语、规范性引用文件等内容不必列出。

示例：

> 　　本文件共分为 11 章和 2 个附录，主要技术内容包括范围、规范性引用文件、术语和定义、方法原理、试剂和材料、仪器和设备、样品、分析步骤、结果计算、精密度和正确度、质量保证和质量控制等。

> 应写出技术篇章的内容。必备项如总则、术语、规范性引用文件等内容不必列出。

更正：

> 　　本文件共分为 11 章和 2 个附录，主要技术内容包括方法原理、试剂和材料、仪器和设备、样品、分析步骤、结果计算、精密度和正确度、质量保证和质量控制等。

（4）修订标准重要变化未写，比如章节的合并、名称修改、内容的细化等。

示例：

> 　　本标准主要修订内容如下：
> 　　——增加了节水评价、劳动安全与工业卫生、工程信息化章节。
> 　　——细化了调水工程水资源配置和工程总体布局设计内容。
> 　　——细化了调水工程总体设计内容，分建筑物类型提出了设计要求。
> 　　——充实了建设征地与移民安置、环境保护、水土保持、工程管理等设计相关内容。

> 未列出删减、增加、合并等重要信息。

更正：

> 　　本标准主要修订内容如下：
> 　　——修改了部分术语及定义；删除了"收水点""可调水量""交叉建筑物""调度及自动化"术语及定义；
> 　　——细化了第 3 章的内容；
> 　　——增加了节水评价、劳动安全与工业卫生、工程信息化章节；
> 　　——原第 8 章"水资源保护"与原第十四章"环境影响评价"合并，改为"环境保护"；
> 　　——细化了调水工程水资源配置及工程规模章节内容；原"7.1 工程总体布局与实施方案"按照水源工程布局、输水工程布局、调蓄工程布局、控制工程布局和工程实施影响分析及处理等内容分五节提出设计要求；
> 　　——细化了工程布置及建筑物章节内容；增加了"输水方式和建筑物型式选择"一节，细化了"工程选线及选址"和"工程总布置"内容，原"9.5 水工建筑物设计"按照取水建筑物、泵站、渠道、隧洞、管道、渡槽、倒虹吸、水闸、调蓄建筑物、穿越建筑物等建筑物类型分十节提出和完善了设计要求；增加了工程监测设计一节；
> 　　——原"10.3 电工"和"10.4 调度及自动化"名称分别修改为"10.3 电气一次"和"10.4 电气二次"；
> 　　——补充完善了建设征地与移民安置、环境保护、水土保持、工程管理等设计相关内容。

（5）修订标准未提及"历次版本信息"。

错误示例：

前　言

根据水利技术标准制修订计划安排，按照 GB/T 1.1—2020《标准化工作导则　第 1 部分：标准化文件的结构和起草规则》的要求，对 SL 300—2013《水利风景区评价标准》进行修订，合并替代《水利旅游项目综合影响评价标准》（SL 422—2008）。

本次修订的主要内容：

——名称《水利风景区评价标准》改为《水利风景区评价规范》；

——调整了本文件适用范围、规范性引用文件；

——修订了水利风景区的基本条件；

——评价项目调整为"风景资源评价、生态环境保护评价、服务能力评价、综合管理评价"，相应调整了评价内容、指标及分值；

——新增了"评价结果"，明确划定基本具备国家水利风景区和省级水利风景区条件的总分和单项最低分数线。

> 修订的标准未提及历次版本信息。

更正：

前　言

根据水利技术标准制修订计划安排，按照 GB/T 1.1—2020《标准化工作导则　第 1 部分：标准化文件的结构和起草规则》的要求，对 SL 300—2013《水利风景区评价标准》和 SL 422—2008《水利旅游项目综合影响评价标准》进行合并修订，并将标准名称改为《水利风景区评价规范》。

本次修订的主要内容：

——调整了适用范围，将 SL 422 的内容纳入本标准；

——修订了水利风景区的基本条件；

——评价项目调整为"风景资源评价、生态环境保护评价、服务能力评价、综合管理评价"，并相应调整了评价内容、指标及分值；

——新增了"评价结果"，明确划定具备国家水利风景区和省级水利风景区条件的总分和单项最低分数线。

本文件所替代标准的历次版本为：

——SL 300—2004

——SL 300—2013、SL 422—2008

4.3　目　　次

4.3.1　相关规定

《工程建设标准编写规定》（建标〔2008〕182 号）、SL/T 1—2024《水利技术标准编写规程》、GB/T 1.1—2020《标准化工作导则　第 1 部分：标准化文件的结构和起草规则》三者对标准目次的规定不同，与各自的标准内容要求不一致有关。其区别与联系见表 4.4。

表 4.4　　　　　　　　　　　　三种标准"目次"要求对比

类　别		工程建设类		非工程建设类	
		国家标准	水利行业标准	水利行业标准	国家标准
编写依据		《工程建设标准编写规定》	SL/T 1—2024	GB/T 1.1—2020	
目次	位置次序	"目次"排在"前言"之后；"前言"不列入"目次"中		"目次"排在"前言"之前；"前言"列入"目次"中	
	目次中的页码	用（1）（2）……显示	用 1、2、3……显示	"前言"用大写罗马字母显示，正文内容的页码用 1、2、3……显示	
	英文目次	有		无	
	目次页码	目次页码从·1·开始连续排序	无	目次的页码大写罗马字母表示，从 I 开始	
	目次中起始点	应从第 1 章按顺序列出		应从前言、第 1 章、第 2 章……按顺序列出	

4.3.2　易错点

工程建设类水利标准与非工程建设类水利标准的"目次"，在位置次序、页码及其方式、英文目次要求等方面，存在诸多不同，常见错误如下：

（1）"目次"写为"目录"。

（2）目次中正文的起始页码有误。

（3）有二级标题的，未显现或显示不全。

（4）目次位置有误。

（5）附录有属性的，显示和标题词有误。

（6）附录无标题。

（7）"图""表"排放次序和位置有误。

4.3.3　案例分析

（1）将"目次"写为"目录"。

错误示例：　　　　　　　　　　　　　正确示例：

目　录	
1　总则 ……………………	1
2　基本规定 …………………	1
3　基础管理 …………………	3
4　施工现场布置 ……………	6
5　专项工程 …………………	7

目　次	
1　总则 ……………………	1
2　基本规定 …………………	1
3　基础管理 …………………	3
4　施工现场布置 ……………	6
5　专项工程 …………………	7

（2）正文的起始页码有误。列举了一项已颁的工程建设类国家标准的目次出现的问题，由中文和英文两部分组成。按规定，标准的页码应起始于第 1 章。下图中，总则的页

码应为 1，用（1）表示。

示例：

（3）带有二级标题的章节未显示或显示不全。示例为非工程建设类标准的目次，其内容应显示出正文中有标题的章节编号和标题。经常出现章节显示不全的情况。前言的页码应延续目次页码，用大写罗马数字表示。若目次为第 1～2 页的，前言即从"Ⅲ"开始。

错误示例：　　　　　　　　　　　　更正：

（4）条文说明的目次位置有误。条文说明的目次应放在条文说明中。

错误示例：

更正：

（5）非工程建设类标准中附录部分不规范。非工程建设类标准的附录属性分为规范性和资料性，在目次中，经常出现附录属性显示不全或有误、标题词有误以及"表"与"参考文献"位置倒置。非工程类标准无"条文说明"，见下例。

错误示例1：

更正：

错误示例2：

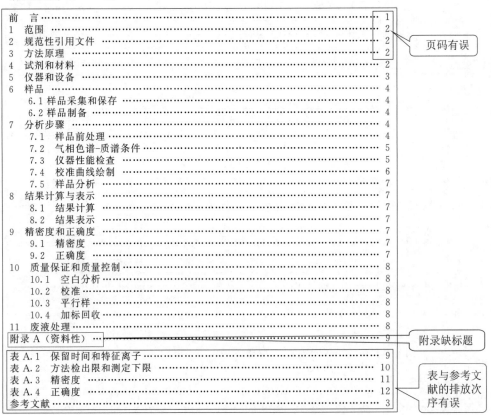

页码有误

附录缺标题

表与参考文献的排放次序有误

更正：

（6）附录无标题

错误示例：

更正：

4.4　范　　围

4.4.1　相关规定

《工程建设标准编写规定》（建标〔2008〕182号）、SL/T 1—2024《水利技术标准编写规程》、GB/T 1.1—2020《标准化工作导则　第1部分：标准化文件的结构和起草规则》三者的章节排放位置、表述与排版以及内容要求规定的形式等各不相同，见表4.5。

表4.5　　　　　　　　　　　　三种标准"范围"要求对比

分　类		工程建设类		非工程建设类	
		国家标准	水利行业标准	水利行业标准	国家标准
编写依据		《工程建设标准编写规定》	SL/T 1—2024	GB/T 1.1—2020	
范围	排放位置	第1章第2条		第1章	
	表述与排版	1 总则 1.0.1 编写目的 1.0.2 本标准适用于……		1 范围 本标准规定了…… 本标准适用于……	
适用范围	内容要求	应与标准名称及其规定的技术内容相一致		使用陈述型条款，不应包含要求、指标、推荐型条款。范围中不应陈述可在引言中给出的背景信息	
		在规定的范围中，有不适用的内容时，应指明标准的不适用范围	如有不适用范围，应予明确规定		
		不应规定参照执行的范围	不应包含规定、要求以及"参照执行"的范围		

4.4.2　易错点

工程建设类国家标准和水利行业标准的适用范围，均在第1章"总则"中第2条加以规定。非工程建设类国家标准和水利行业标准的适用范围，均在第1章"范围"中第2段加以规定。工程建设类和非工程建设类对"范围"的要求有所区别。易错点体现在：

（1）范围与名称及内容不匹配。
（2）标准规定的内容与适用范围的内容文字重复。
（3）范围界定不合适。
（4）存在技术规定、要求以及"参照执行"的范围。
（5）语言不够凝练概括。

4.4.3　案例分析

（1）范围与标准名称、内容不匹配。
错误示例：
1）范围与名称不匹配

《河湖××××技术导则》

　　适用范围：适用于河流、湖泊及水库的××××评估。（标准中"河流"未包括入海河口，名称中未包含"水库"）

2）范围与内容不匹配

《水利工程××××防治技术规程》

　　有的用"水利工程"，有的用"堤防（大坝）工程"，有的用水库大坝概念、范围和标准名称的内涵不一致

3）大名称，小范围

《堤防代码》

　　标准范围未设局限性，即理解为全部堤防。但标准内容中只规定了省（自治区、直辖市）二级及以上的堤防代码。（宁夏的为三级未规定）

水资源开发利用率

　　标准内容中只规定了"地表水资源开发利用率"

4）缺少主体

《水功能区限制排污安全余量计算方法》

　　"本文件规定了安全余量计算的基本要求、设计条件和计算方法"

（2）标准规定的内容与适用范围的内容文字重复。

错误示例：

> **1 范围**
>
> 　　本文件规定了村镇供水工程的规划、设计、施工验收和运行管理各阶段的要求。
>
> 　　本文件适用于县（市、区）城区以下镇（乡、街道）、村（社区）等居民区及分散住户供水工程的规划、设计、施工验收以及运行管理。

規定的内容与适用范围的内容重复。

更正：

> **1 范围**
>
> 　　本文件规定了村镇供水工程的规划、设计、施工、验收以及运行管理各阶段的要求。
>
> 　　本文件适用于县（市、区）城区以下镇（乡、街道）、村（社区）等居民区及分散住户供水工程建设与管理。

（3）范围界定不合适。

错误示例1：

> **1 范围**
>
> 　　本文件规定了小型水电站生态流量确定原则、工作等级确定、水文及生态环境状况调查、水文特征分析、生态保护对象分析以及生态流量计算与确定等相关工作的技术要求。
>
> 　　本文件适用于需泄放生态流量的单站装机容量不超过50MW的水电站。供水、灌溉、防洪等综合利用为主的小型水电站可根据当地环境特征及功能区划要求参照执行。

更正：

> **1 范围**
>
> 　　本文件规定了小型水电站生态流量确定原则、工作等级确定、水文及生态环境状况调查、水文特征分析、生态保护对象分析以及生态流量计算与确定等技术要求。
>
> 　　本文件适用于需泄放生态流量的小型水电站。

错误示例2：

> **1.0.2** 本标准适用于已建水库的生态流量泄放。其中 小型水库可根据实际条件简化要求。

更正：

> **1.0.2** 本标准适用于已建大中型水库的生态流量泄放。

（4）范围中存在技术规定。

错误示例 1：

---

1 范围

  本文件规定了基于壤中流排导的坡（耕）地水土流失防控技术要求，包括半透水型截水沟、排水沟、沉沙池、蓄水池、抗蚀增肥和田间道路等措施的布局、设计、施工、管理与维护。

  本文件适用于壤中流发育地区的坡耕地、经济林地、果园、茶园等坡地水土流失防控。

更正：将技术规定内容调至技术规定相关的章节。

---

1 范围

  本文件规定了基于壤中流排导半透水型截水沟、排水沟、沉沙池、蓄水池、抗蚀增肥和田间道路等坡（耕）地水土流失防控措施的布局、设计、施工、管理与维护。

  本文件适用于壤中流发育地区的坡耕地、经济林地、果园、茶园等坡地水土流失防控。

错误示例 2：

1.0.2 本标准适用于洪水或其他原因可能导致漫坝险情和垮坝事件的已建中小型水库防洪抢险。<u>大型水库的防洪抢险技术措施应专门研究。</u>

> 最后一句不属于适用范围的内容。属于技术规定。

更正：

1.0.2 本标准适用于洪水或其他原因可能导致漫坝险情和垮坝事件的已建中小型水库防洪抢险。

（5）语句不够凝练概括。

错误示例：

---

1 范围

  本文件规定了建设项目对河口涌潮所产生影响的评价方法，包括评价等级与范围、涌潮现状调查与评价、涌潮影响预测与评价、减轻涌潮影响的措施等内容。

  本文件适用于建设项目对涌潮影响的评价工作。

> 1) 语言不够凝练概括；
> 2) 与前言中的"主要技术内容"重复。

更正：

> **1　范围**
>
> 　　本文件规定了建设项目对河口涌潮所产生影响的评价等级、调查与评价内容、评价方法以及应对措施等。
> 　　本文件适用于建设项目对涌潮影响的评价工作。

4.5　章　节　框　架

4.5.1　相关规定

《工程建设标准编写规定》（建标〔2008〕182号）、SL/T 1—2024《水利技术标准编写规程》、GB/T 1.1—2020《标准化工作导则　第1部分：标准化文件的结构和起草规则》三者对章节层次设置、编号与排版等的规定各不相同，见表4.6。

4.5.2　易错点

工程建设类国家标准和水利行业标准的章节框架一致，非工程建设类国家标准和水利行业标准的章节框架一致。工程建设类和非工程建设类的章节位置、编号规则以及对页眉的要求有所区别。易错点体现在：

（1）前言与目次先后次序倒置。

（2）标准内容的章节归属不准确。

（3）章、节、条编号有误。

（4）工程建设类标准的条设了"标题"。

（5）工程建设类标准的"款"下设了"段"。

（6）一章只有一节，或一节只有一条。

（7）条的位置、款的编号和对齐方式有误。

（8）非术语章设置"悬置段"。

（9）非工程建设类"必备/可选"的章节缺失。

（10）同类内容未合并归类在同一章节中。

（11）同一条中未根据内容合理分层。

（12）局部修订新增和删除的章、节、条款位置和编号。

（13）工程建设类标准设置了页眉。

4.5.3　案例分析

（1）前言与目次先后次序，从目次中即可判断是否正确。

表 4.6 三种标准"章节条款"要求对比

分类	工程建设类		非工程建设类	
	国家标准	水利行业标准	水利行业标准	国家标准
编写依据	《工程建设标准编写规定》	SL/T 1—2024	GB/T 1.1—2020	GB/T 1.1—2020
前言和目次	前言在先、目次在后		目次在先、前言在后	
页眉	无页眉		有页眉	
层次设置	章、节、条、款、项		章、条、列项	
排版位置	每章另起一页 章、节居中，条章左侧		连续、不换页 章、条章左侧	
章节内容	前引部分{封面，发布公告，前言，目次} 正文部分{总则{目的，范围，总体要求，引用标准}，术语和符号，技术要求，附录，标准用词用语说明，历次版本信息} 补充部分{隔页，制修订说明，目次，条文的解释说明} 条文说明	前引部分{封面，发布公告，前言，目次} 正文部分{总则{目的，范围，总体要求，引用文件，执行相关标准}，术语和符号，技术要求，附录，标准用词说明，历次版本信息} 补充部分{隔页，制修订说明，目次，条文的解释说明} 条文说明	封面（必备）；目次（必备）；前言（可选）；引言（可选）；范围（必备）；规范性引用文件（必备/可选）；术语和定义（必备/可选）；符号和缩略语（必备）；核心技术要求（可选）；标准用词说明；历次版本信息；参考文献（可选）	封面（必备）；目次（必备）；前言（必备）；引言（可选）；范围（必备）；规范性引用文件（必备/可选）；术语和定义（必备）；符号和缩略语（可选）；核心技术要求（必备）；参考文献（可选）；索引（可选）

（章节结构编排）

分类	工程建设类		非工程建设类	
	国家标准	水利行业标准	水利行业标准	国家标准
编写依据	《工程建设标准编写规定》	SL/T 1—2024	GB/T 1.1—2020	GB/T 1.1—2020

章节结构编排

编号

国家标准（工程建设类）：

附录E　标准层次结构示例

```
        章(附录)   节         条          款      项
正文     1                                       1)
         2                                       2)
         3                                       3)
         4 …     6.1        1.0.1              4) …
         5        6.2        1.0.2
         6        6.3        1.0.3 …
         7        6.4        6.4.1
         8        6.5 …      6.4.2
         9                   6.4.3
         …                   6.4.4     一
                             6.4.5     二
                             6.4.6     三 …
                             6.4.8
                             9.0.1     一
                             9.0.2     二
                             9.0.3     三 …
                             9.0.4
                             9.0.5 …
附录     A        E.1        B.0.1              1)
         B        E.2 …      B.0.2              2) …
         C                   E.2.1
         D                   E.2.2     一
         E …                 E.2.3     二
                             E.2.4 …
```

水利行业标准 / 国家标准（非工程建设类）：

附录 A
（资料性）
层次编号示例

下面给出了层次编号的示例。
示例：

```
            章编号
范围          1
规范性引用文件  2
术语和定义     3
              4
              5        6.1
              6        6.2        6.3.1
              7        6.3        6.3.3      6.3.4.1
              8        6.4 …      6.3.4      6.3.4.3    6.3.4.3.1
              9                   6.3.5      6.3.4.4    6.3.4.3.3    6.3.4.3.4.1
              10                                       6.3.4.3.4    6.3.4.3.4.2
              11
              12

          各层次条编号

附录A
附录B        B.1
            B.2        B.3.1
            B.3        B.3.2      B.3.3.1
            B.4        B.3.3      B.3.3.2
            B.5        B.3.4      B.3.3.3
附录C        C.1                  B.3.3.4
            C.2
```

局部修订章、节、条、款编号

国家标准（工程建设类）：

1 修改条文的编号不变。
2 对新增条文，可在节内按顺序依次递增编号，也可按原有条文编号后加注大写正体拉丁字母编号，如在第3.2.4条与3.4.5条之间补充新内容，其编号为"3.2.4A""3.2.4B"。若需要在某一节第1条之前增加内容，可采用新充的条文，其编号为"3.1.0""3.1.0A""3.1.0B"。
3 对新增的节，应在相应的章内按顺序依次递增编号。
4 对新增的章、节，应在标准的正文后按顺序依次递增编号，并在新编号后加"此章、节、条新增"字样。
5 删除的章、节、条，应列出原编号，并在编号后加"此章、节、条删除"字样。

（非工程建设类：—）

局部修订章、节、条、款标识

国家标准（工程建设类）：

新增或修改的条文，应在其内容下方加横线标记。
删除的章、节、条，应列出原编号，并在编号后加"此章、节、条删除"字样。

（非工程建设类：—）

错误示例：

从章节设置即可看出该标准为非工程建设类标准体例格式。
1)前言在目次的前面有误。
2)目次中缺前言、缺页眉、缺目次的页码。

更正：

目　次

Ⅰ

（2）标准内容的章节归属不准确。

错误示例：

```
4  泵站机组等级与分类
  4.1  泵站机组等级
  4.2  泵站机组结构分类
5  基本规定
  5.1  检测单位、人员及设备
  5.2  测试工况和测试机组选择
  5.3  测试周期
  5.4  测试准备
  5.5  测试要求
  5.6  测试坐标系
```

> 1) 第4章的内容属于"基本规定"的内容。
> 2) 第5章5.1~5.3属于"基本规定"的内容；5.4~5.6属于操作过程中的内容。

更正：

```
4  基本规定
  4.1  泵站机组等级
  4.2  泵站机组结构分类
  4.3  检测单位、人员及设备
  4.4  测试工况和测试机组选择
  4.5  测试周期
5  测试准备与要求
  5.1  测试准备
  5.2  测试要求
  5.3  测试坐标系
```

（3）章、节、条编号有误，工程建设类标准与非工程建设类标准体例混淆。示例1属于工程建设类标准章编号和标题位置有误，示例2和示例3属于非工程建设类条编号有误；示例4和示例5属于非工程建设类列项编号有误；示例3～示例5为非工程建设类标准条的编号有误，示例6为工程建设类标准条设置了"标题"。错误示例7为工程建设类标准设置了页眉。

错误示例1：工程建设类标准

6 水（潮）位站网

6.0.1 河道水位站网规划应考虑水资源、水生态、水环境、水灾害、河道航运、河势演变、河床演变、水工程或交通运输工程的管理运用等方面的需要，统筹考虑流量站网中的水位观测项目，对于重要河段应能基本控制河道水面线的变化。

6.0.2 水库、湖泊等水位站宜独立布设。水库应在坝上布设代表水位站；水库、湖泊应在较大入库（湖）支流河口附近、沿程水面明显束窄或展宽的位置应布设水位站；经常受变动回水影响的水库库尾、库区中段或湖泊出流段附近应重点布设水位站。

　　湖泊水位站布设数量和位置，以能够反映湖泊水面曲线的转折变化为原则。湖泊代表水位站水位应能代表湖泊的平均水位。

更正：

> **6 水（潮）位站网**
>
> **6.0.1** 河道水位站网规划应考虑水资源、水生态、水环境、水灾害、河道航运、河势演变、河床演变、水工程或交通运输工程的管理运用等方面的需要，统筹考虑流量站网中的水位观测项目，对于重要河段应能基本控制河道水面线的变化。
>
> **6.0.2** 水库、湖泊等水位站宜独立布设。水库应在坝上布设代表水位站；水库、湖泊应在较大入库（湖）支流河口附近、沿程水面明显束窄或展宽的位置应布设水位站；经常受变动回水影响的水库库尾、库区中段或湖泊出流段附近应重点布设水位站。
>
> 湖泊水位站布设数量和位置，以能够反映湖泊水面曲线的转折变化为原则。湖泊代表水位站水位应能代表湖泊的平均水位。

错误示例 2：非工程建设类标准

> **6 水（潮）位站网**
>
> **6.0.1** 河道水位站网规划应考虑水资源、水生态、水环境、水灾害、河道航运、河势演变、河床演变、水工程或交通运输工程的管理运用等方面的需要，统筹考虑流量站网中的水位观测项目，对于重要河段应能基本控制河道水面线的变化。
>
> **6.0.2** 水库、湖泊等水位站宜独立布设。水库应在坝上布设代表水位站；水库、湖泊应在较大入库（湖）支流河口附近、沿程水面明显束窄或展宽的位置应布设水位站；经常受变动回水影响的水库库尾、库区中段或湖泊出流段附近应重点布设水位站。
>
> 湖泊水位站布设数量和位置，以能够反映湖泊水面曲线的转折变化为原则。湖泊代表水位站水位应能代表湖泊的平均水位。

更正：

> **6 水（潮）位站网**
>
> **6.1** 河道水位站网规划应考虑水资源、水生态、水环境、水灾害、河道航运、河势演变、河床演变、水工程或交通运输工程的管理运用等方面的需要，统筹考虑流量站网中的水位观测项目，对于重要河段应能基本控制河道水面线的变化。
>
> **6.2** 水库、湖泊等水位站宜独立布设。水库应在坝上布设代表水位站；水库、湖泊应在较大入库（湖）支流河口附近、沿程水面明显束窄或展宽的位置应布设水位站；经常受变动回水影响的水库库尾、库区中段或湖泊出流段附近应重点布设水位站。
>
> 湖泊水位站布设数量和位置，以能够反映湖泊水面曲线的转折变化为原则。湖泊代表水位站水位应能代表湖泊的平均水位。

错误示例 3：非工程建设类标准

> **8.1.3** 信息管理应符合下列要求：
>
> 1 采集及时、准确。
>
> 2 存储安全并定期备份。
>
> 3 定期进行处理。
>
> 4 能指导倒虹吸工程安全、高效、经济运行。

更正：

> **8.1.3** 信息管理应符合下列要求：
>
> a) 采集及时、准确；
>
> b) 存储安全并定期备份；
>
> c) 定期进行处理；
>
> d) 能指导倒虹吸工程安全、高效、经济运行。

错误示例4：非工程建设类标准

> **6.4.3** 对于河流尾闾段，宜选择多种方法确定湖泊生态水位，然后结合湖泊降水与蒸发、下渗强度，推算需要河流补给的生态水量。湖泊生态水位计算方法如下：
>   （1）有长系列的湖泊水位资料，宜采用 Qp 法、频率曲线法等。
>   （2）缺乏长系列的湖泊水位资料，可采用近 10 年最枯月平均水位法。
>   （3）有湖泊地形高程资料或湖泊水位-容积-水面面积关系曲线，可采用湖泊形态分析法等。
>   （4）具有水生生物相关监测资料时，可采用生物空间法、栖息地模拟法等。

（批注：列项句尾标点有误；列项编号有误；Qp第一次出现应写出中文名称。）

更正：

> **6.4.3** 对于河流尾闾段，宜选择多种方法确定湖泊生态水位，结合湖泊降水与蒸发、下渗强度，推算需要河流补给的生态水量。湖泊生态水位可采用计算方法如下：
>   a）有长系列的湖泊水位资料，宜采用平均值法（Qp 法）、频率曲线法等；
>   b）缺乏长系列的湖泊水位资料，可采用近 10 年最枯月平均水位法；
>   c）有湖泊地形高程资料或湖泊水位-容积-水面面积关系曲线，可采用湖泊形态分析法等；
>   d）具有水生生物相关监测资料时，可采用生物空间法、栖息地模拟法等。

错误示例5：非工程建设类标准

> **7 泥沙站网**
> **7.0.1** 泥沙站分为大河控制站、区域代表站和小河站。规划的泥沙站网应能反映流域水沙变化，满足内插的各种泥沙特征值符合精度要求，以及为河道、湖泊整治、水库管理运用等提供观测资料。
> **7.0.2** 在大河干流上，可根据多年平均输沙量的沿程变化，按下述直线原则，先估算布站数目的上限和下限，然后根据需要与可能，从现有流量站中，选定泥沙站。
>   a）以任何两相邻站之间，多年平均输沙量的递变率不小于 20％～40％为原则，估算布站数目的上限。
> ……
> **7.0.3** 水文分区内泥沙区域代表站可按下述要求，估算布站数目，并从相应的流量站网中选择泥沙站。
>   a）沿多年平均输沙模数的梯度方向，任何两相邻测站之间，输沙模数的递变率以不小于 15％～30％为原则，估算分区内布站数目的上限。
> ……
> **7.0.4** 在不具备分析论证条件的地区，可按下述方法确定泥沙站的数目。
>   a）在剧烈、极强度和强度侵蚀地区，应选不少于 60％的流量站作为泥沙站。
> ……
> **7.0.5** 下列流量站宜选作泥沙站：
>   a）流经中度侵蚀及其以上地区，两岸及下游有重要城镇等防护目标的大江大河干流自河流进入侵蚀地区以后的流量站。
> ……
> **7.0.6** 多沙河流的下游河道及有重要防汛任务的河段，应布设河道测验断面，断面密度应满足河床演变分析的需要。

（批注：1）7.0.1～7.0.6编号有误，为了保持现有标准条款层级，与本章的其他章节层级一致，建议增加第二层级"7.1网站分类及要求"和"7.2布设要求"。 2）列项换行文字应对齐。）

更正：

7　泥沙站网

7.1　网站分类及要求

7.1.1　泥沙站分为大河控制站、区域代表站和小河站。

7.1.2　规划的泥沙站网应能反映流域水沙变化，满足内插的各种泥沙特征值符合精度要求，以及为河道、湖泊整治、水库管理运用等提供观测资料。

7.2　布设站要求

7.2.1　在大河干流上，可根据多年平均输沙量的沿程变化，按下述直线原则，先估算布站数目的上限和下限，然后根据需要与可能，从现有流量站中，选定泥沙站。

  a)　以任何两相邻站之间，多年平均输沙量的递变率不小于 20％～40％ 为原则，估算布站数目的上限；

  ……

7.2.2　水文分区内泥沙区域代表站可按下述要求，估算布站数目，并从相应的流量站网中选择泥沙站：

  a)　沿多年平均输沙模数的梯度方向，任何两相邻测站之间，输沙模数的递变率以不小于 15％～30％ 为原则，估算分区内布站数目的上限。

  ……

7.2.3　在不具备分析论证条件的地区，可按下述方法确定泥沙站的数目：

  a)　在剧烈、极强度和强度侵蚀地区，应选不少于 60％ 的流量站作为泥沙站；

  ……

7.2.4　下列流量站宜选作泥沙站：

  a)　流经中度侵蚀及其以上地区，两岸及下游有重要城镇等防护目标的大江大河干流自河流进入侵蚀地区以后的流量站。

  ……

7.2.5　多沙河流的下游河道及有重要防汛任务的河段，应布设河道测验断面，断面密度应满足河床演变分析的需要。

（4）工程建设类标准设了"标题条"。

错误示例：

16.4.1　水力机械设备节能设计

  1　应根据工程特点、设备使用基本条件，通过节能降耗、技术经济综合分析，确定主要设备的规格型式、技术参数、能效指标和设计方案。

  2　……

16.4.2　电气设备节能设计

  1　应根据工程特点、使用基本条件及使用目的等，通过节能降耗、技术经济综合分析，确定电气设计方案和主要设备位置、型式、技术参数及能效指标。

  2　……

更正：

16.4.1　水力机械设备节能设计应遵循以下原则：

  1　应根据工程特点、设备使用基本条件，通过节能降耗、技术经济综合分析，确定主要设备的规格型式、技术参数、能效指标和设计方案。

  2　……

16.4.2　电气设备节能设计应遵循以下原则：

  1　应根据工程特点、使用基本条件及使用目的等，通过节能降耗、技术经济综合分析，确定电气设计方案和主要设备位置、型式、技术参数及能效指标。

  2　……

（5）工程建设类标准的"款"下设了"段"。

错误示例：

> **8.1.2** 工程建设全过程可划分四个施工时段。
>
> **1** 工程筹建期：×××××××，×××××××××
> ××××××。
>
> **2** 工程准备期：×××××××××××××，××××
> ××××××。
>
> **3** 主体工程施工期：××××××××××，×××××
> ××××××。
>
> **4** 工程完建期：×××××××，×××××××××
> ××××××。
>
> 编制施工总进度时，工程施工总工期应为后三项工期之和。工程建设相邻两个阶段的工作可交叉进行。

1）工程建设类标准
"款"下不允许
设"段"；
2）款应有引出语。

更正：

> **8.1.2** 工程建设全过程可划分以下四个施工时段：
>
> **1** 工程筹建期：×××××××，××××××××××××××。
>
> **2** 工程准备期：××××××××××××××××××××××。
>
> **3** 主体工程施工期：××××××××××××××××××××。
>
> **4** 工程完建期：×××××××××××××××××××××××。
>
> **8.1.3** 编制施工总进度时，工程施工总工期应为工程准备期、主体工程施工期、工程完建期三项工期之和。工程建设相邻两个阶段的工作可交叉进行。

（6）一章只有一节，或一节只有一条。

错误示例：

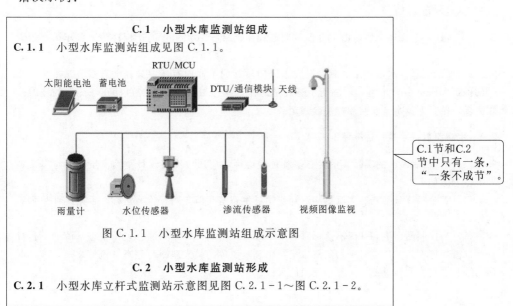

C.1 小型水库监测站组成

C.1.1 小型水库监测站组成见图 C.1.1。

C.1节和C.2
节中只有一条，
"一条不成节"。

图 C.1.1 小型水库监测站组成示意图

C.2 小型水库监测站形成

C.2.1 小型水库立杆式监测站示意图见图 C.2.1-1～图 C.2.1-2。

更正：

C. 0. 1　小型水库监测站组成见图 C. 0. 1。

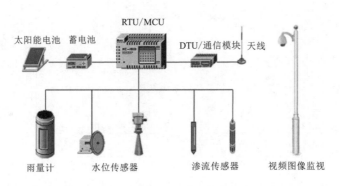

图 C. 0. 1　小型水库监测站组成示意图

C. 0. 2　小型水库立杆式监测站示意图见图 C. 0. 2 - 1～图 C. 0. 2 - 2。

（7）条的位置、款的编号和对齐方式有误。

错误示例：

7　季节性河流生态流量（水量）达标评价与成效评估

7. 1　基本规定

7. 1. 1　应在一定保证率的前提下开展控制断面生态流量（水量）的达标评价，以年为评价时间尺度。

7. 1. 2　生态流量（水量）保证率根据生态保护目标的不同而有所差异。生态基流基本生态水量的保证率应不小于 90％，敏感期生态流量的保证率应根据生态保护目标在敏感期的流量过程需求，结合河流水文变化规律综合确定。

7. 2　生态流量（水量）达标评价

7. 2. 1　评价控制断面的实际流量生态基流是否达标，应通过比较逐日平均流量与生态基流值开展。方法如下：

（1）若全年逐日平均实测流量均达到或超过生态基流值，则评价为达标。否则则评价为不达标。

（2）当控制断面生态基流不达标时，采用破坏深度和破坏时间综合表征生态基流的不达标程度。破坏深度为全年逐日平均实测流量与生态基流值的最大差距与生态基流值之比，破坏时间为逐日平均实测流量低于生态基流值的天数。

更正：

> **7 季节性河流生态流量（水量）达标评价与成效评估**
>
> **7.1 基本规定**
>
> **7.1.1** 应在一定保证率的前提下开展控制断面生态流量（水量）的达标评价，以年为评价时间尺度。
>
> **7.1.2** 生态流量（水量）保证率根据生态保护目标的不同而有所差异。生态基流、基本生态水量的保证率应不小于90％，敏感期生态流量的保证率应根据生态保护目标在敏感期的流量过程需求，结合河流水文变化规律综合确定。
>
> **7.2 生态流量（水量）达标评价**
>
> **7.2.1** 应通过比较逐日平均流量与生态基流值评价控制断面的实际流量生态基流达标情况。方法如下：
>
> a）若全年逐日平均实测流量均达到或超过生态基流值，则评价为达标。否则为不达标；
>
> b）当控制断面生态基流不达标时，采用破坏深度和破坏时间综合表征生态基流的不达标程度。破坏深度为全年逐日平均实测流量与生态基流值的最大差距与生态基流值之比，破坏时间为逐日平均实测流量低于生态基流值的天数。

（8）设置了"悬置段"。GB/T 1.1—2020给出了术语引导语的编制要求。"术语和符号"章的体例略有特殊，术语和定义的引导用语不作为悬置段。除"术语和符号"章中引出术语和定义的典型用语外，其他章、节之间和节、条之间不应出现悬置段。

正确示例：

> **3 术语和定义**
>
> GB/T 20000.1界定的以及下列术语和定义适用于本文件。
>
> **3.1 文件**
>
> **3.1.1**
>
> **标准化文件 standardizing document**
> 通过标准化活动制定的文件。
> ［来源：GB/T 20000.1—2014，5.2］

> **2 术语和定义**
>
> 下列术语和定义适用于本标准。
>
> **2.0.1 设计洪水**
> 相应与设计防洪标准要求，以洪峰流量、洪水总量和洪水过程线等特征表示的洪水。
> ……

错误示例1：工程建设类

> **F.2 混凝土表面保温**
>
> 新浇混凝土遇寒潮袭击时，因内外温差较大，而混凝土强度较低，混凝土表面易出现裂纹，因而寒潮期间须对混凝土表面进行保温，越冬期间气温较低，且寒潮频繁，在混凝土内部温度较高，内外温差较大时也要对混凝土表面进行保温。混凝土表面保温需达到的等效放热系数及保温厚度可按下述方法进行计算。　　——悬置段
>
> **F.2.1** 寒潮期间混凝土表面保温××××××××××××，××××××××××××，×××××××××。

更正：

F.2　混凝土表面保温

F.2.1 新浇混凝土寒潮期间应对混凝土表面进行保温。

F.2.2 保温达到的等效放热系数及保温厚度可按下述方法进行计算：

　　1　寒潮期间混凝土表面保温✕✕✕✕✕✕✕✕✕✕✕✕✕✕，✕✕✕✕✕✕✕✕✕，✕✕✕✕✕✕✕。

错误示例2：非工程建设类

8.3.2　布局模式

以光伏方阵区、生产区、生活区等不同用地性质区域为布局对象，宜遵循以下模式：

8.3.2.1 光伏方阵区规定如下：

　　a）高土地产出模式。……；

　　b）生态功能提升模式。……；

更正：

8.3.2　布局模式

以光伏方阵区、生产区、生活区等不同用地性质区域为布局对象，宜遵循以下模式：

　　a）　光伏方阵区规定如下：

　　　　1）高土地产出模式。……；

　　　　2）生态功能提升模式。……。

（9）非工程建设标准"必备/可选"的章节缺失。GB/T 1.1—2020中8.6.2规定：如果不存在规范性引用文件，应在章标题下给出说明："本文件没有规范性引用文件"；8.7.2规定：如果没有需要界定的术语和定义，应在章标题下给出说明："本文件没有需要界定的术语和定义"。在一些非工程建设标准中缺"2 规范性引用文件"或"3 术语和定义"章。

错误示例：

1　范围

本文件规定了水利遗产的认定内容、指标和方法。

本文件适用于水利系统国家级和省级水利遗产的认定，其他等级或领域可参照执行。

2　术语和定义

下列术语和定义适用于本标准。

2.1

更正：

> **1 范围**
>
> 本文件规定了水利遗产的认定内容、指标和方法。
>
> 本文件适用于水利系统国家级和省级水利遗产的认定，其他等级或领域可参照执行。
>
> **2 规范性引用文件**
>
> 本文件没有规范性引用文件
>
> **3 术语和定义**
>
> 下列术语和定义适用于本标准。
>
> **3.1**

（10）同类内容未合并归类。

错误示例：   更正：

> **4.4.1** 坝址勘察应包括下列内容：
>
> **1** 了解坝址所在河段的河流形态、河谷地形地貌特征及河谷地质结构。
>
> **2** 了解坝址的地层岩性、岩体结构特征、软弱岩层分布规律、岩体渗透性及卸荷与风化程度。了解第四纪沉积物的成因类型、厚度、层次、物质组成、渗透性，以及特殊土体的分布。
>
> **3** 了解坝址的地质构造，特别是大断层、缓倾角断层和第四纪断层的发育情况。
>
> **4** 了解坝址及近坝地段的物理地质现象和岸坡稳定情况。
>
> **5** 了解透水层和隔水层的分布情况，地下水埋深及补给、径流、排泄条件。
>
> **6** 了解可溶岩坝址岩溶洞穴的发育程度、两岸岩溶系统的分布特征和坝址防渗条件。
>
> **7** 分析坝址地形、地质条件及其对不同坝型的适应性。

> **4.4.1** 坝址勘察应包括下列内容：
>
> **1** 应了解如下内容：
>
> 　1）坝址所在河段的河流形态、河谷地形地貌特征及河谷地质结构；
>
> 　2）坝址的地层岩性、岩体结构特征、软弱岩层分布规律、岩体渗透性及卸荷与风化程度。第四纪沉积物的成因类型、厚度、层次、物质组成、渗透性，以及特殊土体的分布；
>
> 　3）坝址的地质构造，特别是大断层、缓倾角断层和第四纪断层的发育情况；
>
> 　4）坝址及近坝地段的物理地质现象和岸坡稳定情况；
>
> 　5）透水层和隔水层的分布情况，地下水埋深及补给、径流、排泄条件；
>
> 　6）可溶岩坝址岩溶洞穴的发育程度、两岸岩溶系统的分布特征和坝址防渗条件。
>
> **2** 分析坝址地形、地质条件及其对不同坝型的适应性。

（11）同条内容未合理分层。

错误示例：

> **5.2** 县（市、区）村镇供水工程规划应与城乡供水总体规划等衔接，遵循因地制宜、统筹规划、建管并重、安全优先、节约用水、节能降耗等原则。规划要点包括但不限于：自然、社会经济及发展概况、供水现状分析与评价、规划指导思想、原则和目标、规划供水区范围、需水量预测和水资源供需平衡分析、水源选择和保护、供水工程总体布局、主要建设内容、典型工程设计、供水工程运行管理、分期实施计划以及规划保障措施等。

> 有层次的"条"建议拆分出列项，便于引用。

更正：

5.2　县（市、区）村镇供水工程规划应与城乡供水总体规划等衔接，遵循因地制宜、统筹规划，建管并重、安全优先、节约用水、节能降耗等原则。规划要点宜包括但不限于以下内容：

    a）自然、社会经济及发展概况；

    b）供水现状分析与评价；

    c）规划指导思想、原则和目标；

    d）规划供水区范围；

    e）需水量预测和水资源供需平衡分析；

    f）水源选择和保护；

    g）供水工程总体布局；

    h）主要建设内容；

    i）典型工程设计；

    j）供水工程运行管理；

    k）分期实施计划以及规划保障措施等。

（12）局部修订章节编号不符合规定。一是局部修订的内容原编号不变；二是新增的内容加下划线加以标识；新增的附录补在原附录的后面。

示例：

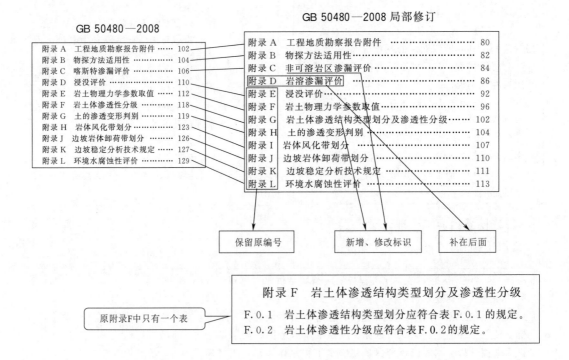

（13）工程建设类标准设置了页眉。

示例：

SL/T 1—20××

1 总 则

1.0.1 为规范水利技术标准编制工作，统一并规范水利技术标准编写要求，提升水利技术标准编写质量，制定本标准。本标准规定了水利技术标准前引部分、正文部分和补充部分的编写要求，提供了层次结构的划分方式，给出了编排格式及图、表、公式等的编写细则，确立了条文说明的编写要求。

1.0.2 本标准适用于水利水电工程规划、勘测、设计、施工与安装、监理与验收、监测预测、运行维护、材料与试验、质量与安全、监督与评价等工程建设类标准的编写。

> SL/T 1规定1.0.1为标准编写目的，"本标准规定了……"非编写目的，该部分内容在前言中已列出，避免重复需删除。SL/T 1为水利工程建设类标准编写规程，不应设置页眉，需删除。

更正：

1 总 则

1.0.1 为规范水利技术标准编制工作，统一水利技术标准编写要求，确保水利技术标准编写质量，制定本标准。

1.0.2 本标准适用于水利水电工程通用、规划、勘测、设计、施工与安装、监理与验收、监测预测、运行维护、材料与试验、质量与安全、监督与评价、节约用水等工程建设类水利技术标准的编写。

4.6 技 术 内 容

4.6.1 相关规定

《工程建设标准编写规定》（建标〔2008〕182号）、SL/T 1—2024《水利技术标准编写规程》、GB/T 1.1—2020《标准化工作导则　第1部分：标准化文件的结构和起草规则》三者对技术内容要求基本相同。SL/T 1和GB/T 1.1中分别规定"标准中不应出现要求符合法律法规和政策性文件的条款，不应规定政府行为或行政措施，也不应出现合同、协议等商务文件要求。""不应规范性引用法律、行政法规、规章和其他政策性文件，也不应普遍性要求符合法规或政策性文件的条款。"

4.6.2 易错点

（1）不可操作。

（2）缺关键内容。

（3）对法律法规、政策文件等做出规定。

（4）标准内容前后不一致。

（5）与相关标准不协调。

（6）操作过程表述不详、不清。

（7）标题与内容不匹配。

（8）内容表述不全。

（9）段落内容归属不清晰。

（10）内容安排不符合规定。

（11）参数指标设置不合理。

（12）文字内容未归类、重复。

（13）局部修订标准，条款号和修订标识有误。

（14）存在标准不适宜规定或有损公平公正的内容。

（15）技术要求超标准范围。

（16）对自然属性（非技术规定）做出规定。

（17）介绍编写原因。

（18）有宣传嫌疑。

4.6.3 案例分析

（1）不可操作，见示例 1 和示例 2。

示例 1：

《单轨移动式启闭机（电动葫芦）运行维护技术标准》

> 检查时发现：标准4.3.3规定："检查闸门开度与开度指示器的显示数值一致"。现场：部分单轨移动式启闭机并无开度指示器。

示例 2：

《液压启闭机运行维护技术标准》

> 检查时发现：表1中第(5)的2)规定"手动球阀的位置与控制方式相适宜"。不符合控制闸现状。

（2）缺关键内容，如化学分析方法类的标准，经常出现缺"警示语"和"废液处理"等相关规定。案例和处置意见见示例。

示例

> 页码：前言的页码应为Ⅲ；正文"范围"的页码应为1

《化学分析方法类的标准》

示例：

> 警示——本标准使用的强酸、强碱具有腐蚀性，操作时应按规定要求佩戴防护器具，避免接触皮肤和衣物。若溅到身上应立即用大量水冲洗，严重时应立即就医。

> 补充：12废液处理

> 补充：附录性质和标题

（3）对法律法规、政策文件等做出规定。

示例1：

> **11.1.2** 水库防洪抢险组织指挥体系及职责设置应符合《中华人民共和国防洪法》《中华人民共和国突发事件应对法》《中华人民共和国防汛条例》和《国家防汛抗旱应急预案》相关规定。

> 出现了要求符合法律法规的内容。

更正：

> **11.1.2** 水库防洪抢险组织指挥体系及职责设置应符合相关规定。

示例2：

> **1.0.5** 水利水电工程生态流量计算与泄放设计应满足有关法律、法规和技术政策要求，宜采用成熟、可靠、实用的技术和手段，提高信息化和自动化水平。

> 标准中不应出现要求符合法律法规和政策性文件的条款。

更正：

> **1.0.5** 水利水电工程生态流量计算与泄放设计宜采用成熟、可靠、实用的信息技术和自动化手段。

示例3：

> **19.2.3** 环境保护工程概（估）算的编制应符合下列规定：
> 　1 依据《水利工程设计概（估）算编制规定（环境保护工程）》的有关规定进行编制。

> 标准中不应引用政策性文件。

更正：

> **19.2.3** 环境保护工程概（估）算的编制应符合下列规定：
> 　1 应依据有关规定进行编制。

（4）标准内容前后不一致。

示例：

> **3.1.11**
>
> **锚杆饱满度** **anchor‑bar satiation degree**
>
> 锚杆孔中充填黏结物的密实程度，也可表述为锚杆孔中的有效黏结长度占设计黏结长度的百分比。
>
> **4.0.2** 锚杆无损检测宜采用声波反射法，检测内容包括锚杆长度和注浆饱满度。
>
> **6.1.3** 全长黏结型单根锚杆锚固质量应评价锚杆长度、注浆饱满度。
>
> **6.3.2** 锚杆分级标准如下：
>
> **1** Ⅰ级锚杆，长度合格，锚杆饱满度 $D \geqslant 90\%$。
>
> **2** Ⅱ级锚杆，长度合格，锚杆饱满度 $90\% > D \geqslant 80\%$。
>
> **3** Ⅲ级锚杆，长度合格，锚杆饱满度 $80\% > D \geqslant 75\%$。
>
> **4** Ⅳ级锚杆，长度不合格，或锚杆饱满度 $D < 75\%$。
>
> **5** 缺陷部位集中在孔底或孔口段，应按以上标准降低一级评定。
>
> **7.5.5** 锚杆饱满度可按照模拟锚杆图谱进行定性评价，即将被检测锚杆的检测波形与模拟锚杆试验样品进行比对，并结合表7.5.5及施工资料、地质条件综合判定。
>
> **7.5.6** 宜采用下述方法计算注浆饱满度：

> 术语中给出了"锚杆饱满度"的概念，与GB 50086—2001《锚杆喷射混凝土支护技术规范》中"注浆密实度"为同一物理概念。工程上习惯用"锚杆饱满度"表述锚杆注浆质量。而4.0.2条、6.1.3条、7.5.6条等多处使用"注浆饱满度"，造成全文内容和术语的不统一。

（5）与相关标准不协调。

示例1：

> 《安保设施（物防设施）运行维护技术标准》

> 标准技术复审时发现：该标准规定的"网底距地面空隙、竖向栏杆间距、桥头钢大门与相邻隔离网间距(不大于10 cm)"与GB 50352—2019《民用建筑设计统一标准》规定的间距(小于等于110 mm)不一致。

示例2：

> 《液压启闭机运行维护技术标准》

> 标准技术复审时发现：该标准规定的操作前检查项目、定期维护项目与SL/T 722—2020《水工钢闸门和启闭机安全运行规程》规定不一致。

（6）操作过程文字表述不详、不清。

示例1：

> **5.6** 草酸钠标准贮备液：$c(1/2Na_2C_2O_4) = 0.1mol/L$。
>
> 购买市售有证标准溶液或自行配制。配制方法如下：称取经120℃烘干2h并放置至室温的草酸钠（$Na_2C_2O_4$）0.6705g溶解水中，移入100mL容量瓶中，用水稀释至标线，混匀，置4℃保存。

> 配置方法描述不清：
> 1)"称取"，用什么"称"？用什么"取"？
> 2)"烘干"，用什么"烘干"？
> 3)"草酸钠($Na_2C_2O_4$)0.6705g溶解水"，在什么容器中溶解？
> 4)未提供仪器所在条款的编号。
> 5)"购买市售"不是本标准该规定的技术内容。

更正：

> **5.6** 草酸钠标准贮备液：c(1/2Na₂C₂O₄)＝0.1mol/L。宜为有证标准溶液或自行配制。配制方法如下：使用分析天平（6.2）用称量纸称取经烘干箱 120℃ 烘干 2h 并冷却至室温的草酸钠（Na₂C₂O₄）0.6705g，之后溶解于盛有水的烧杯（6.9）中，然后移入 100mL 容量瓶中，用水稀释至标线，混匀，置 4℃ 保存。

示例 2：

> **3.2.1A** 工程总布置应对各建筑物、架空电力线路、交通道路、安全卫生设施、环境绿化等进行统筹规划，宜避免各建筑物、设施之间的不利影响。

> 该标准为局部修订标准。"建筑物与设施之间"还是"建筑物之间、设施之间"还是"建筑物之间、设施之间以及建筑物与设施之间"？不明确。

更正：

> **3.2.1A** 工程总布置应对各建筑物、架空电力线路、交通道路、安全卫生设施、环境绿化等进行统筹规划，宜避免各建筑物、设施以及两者之间的不利影响。

（7）标题与内容不匹配。

示例：

> **9.2 管线布置**
> **9.2.1 基本要求**
> 输配水管线布置应符合下列要求：
> a) 选择较短的线路，满足管道地埋要求，沿现有道路或规划道路一侧布置。
> b) 避开不良地质、污染和腐蚀性地段，无法避开时应采取防护措施。
> c) 减少穿越铁路、高等级公路、河流等障碍物。
> d) 减少房屋拆迁、占用农田、损毁植被等。
> e) 施工、维护方便，节省造价，运行经济安全可靠。
> **9.2.2 输水管道**

> 标题与内容不一致。

更正：

> **9.2 管线布置**
> **9.2.1 输配水管线**
> 应符合下列要求：
> a) 选择较短的线路，满足管道地埋要求，沿现有道路或规划道路一侧布置；
> b) 避开不良地质、污染和腐蚀性地段，无法避开时应采取防护措施；
> c) 减少穿越铁路、高等级公路、河流等障碍物；
> d) 减少房屋拆迁、占用农田、损毁植被等；
> e) 施工、维护方便，节省造价，运行经济安全可靠。
> **9.2.2 输水管道**

（8）内容表述不全

示例1：

> **5.6**　循环冷却水的水源应满足 ⌈系统⌉ 的水质和水量要求，宜优先使用雨水等非常规水源。

更正：

> **5.6**　循环冷却水的水源应满足 ⌈冷却系统⌉ 的水质和水量要求，宜优先使用雨水、再生水等非常规水源。

示例2：

> **6.5**　宜安装医院中央纯水系统，对纯水系统尾水进行回收利用。空调冷却水应循环利用，循环利用率应符合 GB 50555 的要求。可安装蒸汽锅炉冷凝水、空调冷凝水回收设施，⌈并有效利用。⌉

更正：

> **6.5**　宜安装医院中央纯水系统，对纯水系统尾水进行回收利用。空调冷却水应循环利用，循环利用率应符合 GB 50555 的要求。可安装蒸汽锅炉冷凝水、空调冷凝水回收设施，并有效利用回收的冷凝水。

示例3：

> **5.5.3**　水质监测数据应按照各指标的标准检测方法所规定的单位和小数位数执行。

> 该条应规定两个内容：数据的获取方法和数据的处理要求，未表达清楚。

> **5.5.3**　水质监测指标的数据获取方法及其单位和小数位数应符合相关规定。

（9）段落内容归属不清晰。

示例：

> **5.1.2**　流量站按测验水体的类型，分为河道站、水库站、湖泊站、潮流量站、渠道站。
> 　　天然河道的流量站可根据集水面积大小及作用，分为大河控制站、区域代表站和小河站。
> 　　a）干旱区集水面积在 5000km^2 以上，湿润区集水面积在 3000km^2 以上大河干流上的流量站，大江大河三角洲地区主要出海水道上的潮流量站，为大河控制站。
> 　　b）干旱区集水面积在 500km^2 以下，湿润区集水面积在 200km^2 以下的河流上的流量站，称为小河站。
> 　　c）其余天然河道上的流量站，称为区域代表站。

> 列项内容重点内容不突出；段落的层次不合理；数字与单位间未空格。

更正：

> **5.1.2**　流量站按测验水体的类型，分为河道站、水库站、湖泊站、潮流量站、渠道站。其中，天然河道的流量站可根据集水面积大小及作用，分为大河控制站、区域代表站和小河站，其规定如下：
> 　　a）　大河控制站：干旱区集水面积在 5000 km^2 以上，湿润区集水面积在 3000 km^2 以上大河干流上的流量站，大江大河三角洲地区主要出海水道上的潮流量站；
> 　　b）　小河站：干旱区集水面积在 500 km^2 以下，湿润区集水面积在 200 km^2 以下的河流上的流量站；
> 　　c）　区域代表站：除大河控制站、小河站以外其余的天然河道上的流量站。

（10）内容安排不符合规定。表样属于资料性的参考，技术规定属于规范性的内容，两者混在同一章或同一节中不合适。

错误示例：

附录 B　大坝安全监测技术要点

B.1　安全监测项目测次表

> 表的编号有误，应为"表B.1"。

监测类别	监测项目	监测阶段和测次		
		第一阶段 （施工期）	第二阶段 （初蓄期）	第三阶段 （运行期）
渗流	渗流量	6～3 次/月	30～3 次/月	4～2 次/月
	渗流压力/扬压力	6～3 次/月	30～3 次/月	4～2 次/月
变形	坝体表面变形	4～1 次/月	10～1 次/月	6～2 次/年
	坝体（基）内部变形	10～4 次/月	30～2 次/月	12～4 次/年
	裂（接）缝变形	10～4 次/月	30～2 次/月	12～4 次/年
	近坝岸坡变形	4～1 次/月	10～1 次/月	6～4 次/年

> 规范性内容

> 表样属于资料性的参考，技术规定属于规范性的内容，两者混在一起不合适。

注1：表中测次为正常情况下人工测读的最低要求。如遇特殊情况（如高水位、库水位骤变、特大暴雨、强地震、工程异常等）应增加测次。

注2：相关监测项目应力求同一时间监测。

B.2　渗流量监测设施安装埋设考证表

> 资料性内容

> 表的编号应为"表B.2"。

工程部位				测点编号	
测点座标	桩号（m）		坝轴距（m）	堰槽底高程（m）	
堰体参数	堰型		水尺（传感器）	水尺（传感器）型式	
	堰板材料			水尺（测针）位置	
	堰口宽度（mm）			零点高度（mm）	
	堰口至堰槽底距离（mm）			仪器出厂编号	
				量程（mm）	
	堰槽尺寸（mm）（长×宽×高）			仪器系数（mm/字）	
				温度系数（mm/℃）	
仪器测值	零位读数（字）			温度（℃）	
	安装后读数（字）			温度（℃）	
上游水位（m）		下游水位（m）		天气	
安装示意图（或照片）及说明					
安装时段	年　月　日 至			年　月　日	
有关责任人	监理或主管		校核人	填表人	
	日期		日期	日期	

> 表注应在表内；表注中不应存在技术性规定；上表有同样问题。

注：此表为振弦式仪器安装埋设考证表格式，对于其他类型仪器安装可参照执行。

字＝$f_0^2/1000$，称为频率模数，下同。

51

处置意见：将附录 B.1 放在正文中。附录 B 标题改为"渗流量监测设施安装埋设考证表样"。

错误示例：

10.1　精密度

6 家实验室分别对高锰酸盐指数浓度为 1.72 mg/L、2.29 mg/L 和 4.51 mg/L 的统一有证标准样品进行了 6 次重复测定：

实验室内相对标准偏差分别为 2.02%～3.69%、0.96%～2.48%、0.60%～1.16%；

实验室间相对标准偏差分别为 1.77%、1.60% 和 3.79%；

重复性限分别为 0.05 mg/L、0.05 mg/L 和 0.03 mg/L；

再现性限分别为 0.05 mg/L、0.05 mg/L 和 0.03 mg/L。

精密度测试结果数据见附录 B 表 B.1。

10.2　正确度

6 家实验室分别对高锰酸盐指数浓度为（1.72±0.20）mg/L、（2.29±0.31）mg/L 和（4.51±0.39）mg/L 的有证标准样品进行了 6 次重复测定：

相对误差分别为 0.58%～5.81%、−3.06%～1.31% 和−6.65%～3.77%；

相对误差最终值分别为 2.62%±3.20%、−0.44%±2.80%、0.85%±7.02%；

正确度数据见附录 B 表 B.2。

> 1)"6 家实验室开展测量"是否是规定？若属于规定，建议使用标准助动词。
> 2)如果再换 6 家实验室同样对 3 种浓度的样品进行测定，不一定得出相同的结果。将该"6 家实验室开展测量"结果作为"精密度"和"准确度"是否科学？若作为验证比对结果要求，可以加以规定；若作为"参考"，可以将该部分内容调到"资料性"附录中。

第一种作为规定，更正：

10.1　精密度

应选取 6 家实验室分别对高锰酸盐指数浓度为 1.72 mg/L、2.29 mg/L 和 4.51 mg/L 的统一有证标准样品进行 6 次重复测定，计算精密度，验证结果应满足如下要求：

a) 实验室内相对标准偏差分别为 2.02%～3.69%、0.96%～2.48%、0.60%～1.16%；

b) 实验室间相对标准偏差分别为 1.77%、1.60% 和 3.79%；

c) 重复性限分别为 0.05 mg/L、0.05 mg/L 和 0.03 mg/L；

d) 再现性限分别为 0.05 mg/L、0.05 mg/L 和 0.03 mg/L。

精密度测试结果数据见附录 B 表 B.1。

10.2　正确度

应选取 6 家实验室分别对高锰酸盐指数浓度为（1.72±0.20）mg/L、（2.29±0.31）mg/L 和（4.51±0.39）mg/L 的有证标准样品进行 6 次重复测定，计算正确度，验证结果应满足如下要求：

a) 相对误差分别为 0.58%～5.81%、−3.06%～1.31% 和−6.65%～3.77%；

b) 相对误差最终值分别为 2.62%±3.20%、−0.44%±2.80%、0.85%±7.02%；

c) 正确度数据见附录 B 表 B.2。

第二种作为比对参考，更正：

附录 B
（资料性）
方法的精密度和正确度

B.1 精密度

6 家实验室分别对高锰酸盐指数浓度为 1.72 mg/L、2.29 mg/L 和 4.51 mg/L 的统一有证标准样品进行 6 次重复测定，其结果如下：

实验室内相对标准偏差分别为 2.02%～3.69%、0.96%～2.48%、0.60%～1.16%；

实验室间相对标准偏差分别为 1.77%、1.60% 和 3.79%；

重复性限分别为 0.05 mg/L、0.05 mg/L 和 0.03 mg/L；

再现性限分别为 0.05 mg/L、0.05 mg/L 和 0.03 mg/L。

精密度测试结果数据见表 B.1。

表 B.1 给出了本方法中高锰酸盐指数有证标准样品的方法精密度。

表 B.1 方法精密度数据汇总表

实验室号	(1.72 ± 0.20)mg/L			(2.29 ± 0.31)mg/L			(4.51 ± 0.39)mg/L		
	$\overline{x}_i$ (mg/L)	S_i (mg/L)	RSD_i (%)	$\overline{x}_i$ (mg/L)	S_i (mg/L)	RSD_i (%)	$\overline{x}_i$ (mg/L)	S_i (mg/L)	RSD_i (%)
1	1.76	0.04	2.36	2.22	0.05	2.11	4.21	0.03	0.77
2	1.73	0.03	2.02	2.28	0.05	2.09	4.68	0.03	0.69
3	1.77	0.05	3.02	2.27	0.02	0.96	4.59	0.03	0.71
4	1.76	0.06	3.51	2.31	0.04	1.75	4.59	0.04	0.86
5	1.75	0.06	3.69	2.32	0.05	2.17	4.55	0.03	0.60
6	1.82	0.06	3.03	2.28	0.06	2.48	4.67	0.05	1.16
$\overline{\overline{x}}$(mg/L)	1.76			2.28			4.55		
S'(mg/L)	0.03			0.04			0.17		
RSD'(%)	1.77			1.60			3.79		
重复性限 r(mg/L)	0.05			0.05			0.03		
再现性限 R(mg/L)	0.05			0.05			0.03		

B.2 正确度

6 家实验室分别对高锰酸盐指数浓度为 (1.72 ± 0.20)mg/L、(2.29 ± 0.31)mg/L 和 (4.51 ± 0.39)mg/L 的有证标准样品进行 6 次重复测定,其结果如下：

相对误差分别为 0.58%～5.81%、−3.06%～1.31% 和 −6.65%～3.77%；

相对误差最终值分别为 2.62%±3.20%、−0.44%±2.80%、0.85%±7.02%。

正确度测试结果数据见表 B.2。

表 B.2 给出了本方法中高锰酸盐指数有证标准样品的方法正确度。

表 B.2 方法正确度数据汇总表

实验室号	(1.72 ± 0.20)mg/L		(2.29 ± 0.31)mg/L		(4.51 ± 0.39)mg/L	
	$\overline{x}_i$ (mg/L)	RE_i (%)	$\overline{x}_i$ (mg/L)	RE_i (%)	$\overline{x}_i$ (mg/L)	RE_i (%)
1	1.76	2.33	2.22	−3.06	4.21	−6.65
2	1.73	0.58	2.28	−0.44	4.68	3.77
3	1.77	2.91	2.27	−0.87	4.59	1.77
4	1.76	2.33	2.31	0.87	4.59	1.77
5	1.75	1.74	2.32	1.31	4.55	0.89
6	1.82	5.81	2.28	−0.44	4.67	3.55
$\overline{RE}$(%)	2.62		−0.44		0.85	
$S_{\overline{RE}}$(%)	1.60		1.40		3.51	
$\overline{RE}\pm2S_{\overline{RE}}$	2.62%±3.20%		−0.44%±2.80%		0.85%±7.02%	

（11）参数指标设置不合理。

错误示例：

8.1 标准曲线的建立

准确移取 0.00 mL、0.25 mL、0.50 mL、1.00 mL、2.00 mL 和 4.00 mL 石油类标准使用液（5.8）于 6 个 25 mL 容量瓶中，用正己烷（5.3）稀释至标线，摇匀。标准系列浓度分别为 0.00 mg/L、1.00 mg/L、2.00 mg/L、4.00 mg/L、8.00 mg/L 和 16.0 mg/L。在波长 225 nm 处，使用 2 cm 石英比色皿，以正己烷（5.3）作参比，测定吸光度。以石油类浓度（mg/L）为横坐标，以相应的吸光度值为纵坐标，建立标准曲线。

10.1 精密度

六家实验室分别对配制浓度为 0.05 mg/L、0.10 mg/L、0.20 mg/L 和 1.00 mg/L 的统一样品进行测定，实验室内相对标准偏差范围分别为：8.2%~16%、5.2%~7.1%、2.2%~6.8% 和 0.8%~2.7%；实验室间相对标准偏差分别为：14%、5.8%、2.8% 和 5.1%；重复性限分别为：0.02 mg/L、0.01 mg/L、0.02 mg/L 和 0.05 mg/L；再现性限分别为：0.02 mg/L、0.02 mg/L、0.02 mg/L 和 0.14 mg/L。

10.2 准确度

六家实验室分别对配制浓度为 0.05 mg/L、0.10 mg/L、0.20 mg/L 和 1.00 mg/L 的统一样品进行测定，相对误差范围分别为：−20.0%~0、−10.0%~0、−10.0%~−5.0% 和 −11.0%~2.0%；相对误差最终值分别为：（−10.0±22.0）%、（−6.7±10.0）%、（−6.7±5.2）% 和 （−4.7±9.6）%。

> 精密度和准确度数据应该选择标准曲线设置范围的低、中、高均匀分布的浓度点，此标准中精密度和准确度验证的浓度点设置过低。

（12）文字内容未归类、重复。

示例 1：

2.0.1 水利水电工程建设与运行责任单位应建立健全全员安全生产责任制，根据管理层级和岗位明确各级负责人、管理人员、工程技术人员、岗位操作人员的安全责任。

2.0.2 水利水电工程建设与运行责任单位应当根据实际，建立健全并落实有关安全生产规章制度。

2.0.3 水利水电工程建设与运行责任单位应按规定保证本单位的安全生产费用投入，安全生产费用应专项核算和归集，真实反映安全生产条件改善投入，不得挤占、挪用。

2.0.4 水利水电工程建设与运行责任单位应按规定对从业人员进行安全生产教育和培训，未经安全生产教育和培训合格的从业人员，不得上岗作业。

2.0.5 水利水电工程施工单位主要负责人、项目负责人和专职安全生产管理人员应经水行政主管部门安全生产考核合格；特种作业人员、特种设备作业人员应按规定持证上岗。

2.0.6 水利水电工程建设与运行从业人员作业过程中，应严格落实岗位安全责任，遵守本单位的安全生产规章制度和操作规程，服从管理，正确佩戴和使用劳动防护用品。

2.0.7 水利水电工程建设与运行责任单位应按规定建立生产安全事故应急预案体系，配备应急器材、设备和物资，落实应急队伍或人员，按规定组织教育培训和演练。

2.0.8 水利水电工程建设与运行责任单位应按规定定期开展应急演练工作，落实应急处置必备的物资、装备、器材。

> 未进行归类，文字重复。

更正：

> **2.0.1** 水利水电工程建设与运行责任单位应开展以下工作：
> **1** 应建立健全全员安全生产责任制，根据管理层级和岗位，明确各级负责人、管理人员、工程技术人员、岗位操作人员的安全责任。
> **2** 应当根据实际建立健全并落实有关安全生产规章制度。
> **3** 应按规定保证本单位的安全生产费用投入，并应专项核算和归集，真实反映安全生产条件改善投入，不得挤占、挪用。
> **4** 应按规定对从业人员进行安全生产教育和培训，未经安全生产教育和培训合格的从业人员，不得上岗作业。
> **5** 应按规定建立生产安全事故应急预案体系，配备应急器材、设备和物资，落实应急队伍或人员，按规定组织教育培训和演练。
> **2.0.2** 水利水电工程施工单位主要负责人、项目负责人和专职安全生产管理人员应经水行政主管部门安全生产考核合格；特种作业人员、特种设备作业人员应按规定持证上岗。
> **2.0.3** 水利水电工程建设与运行从业人员作业过程中，应严格落实岗位安全责任，遵守本单位的安全生产规章制度和操作规程，服从管理，正确佩戴和使用劳动防护用品。

示例 2：

> **6.2.1** 地下水水位/埋深动态分析评价应分层进行，宜按照潜水、承压水分层进行评价。
> **6.2.2** 地下水水位/埋深动态分析评价也可按照浅层地下水、深层地下水进行评价，应反映地下水的埋深、水位分布情况、流场特征和动态变化。
> **6.2.3** 地下水水位/埋深动态分析评价应根据地下水含水介质分类进行评价，含水介质可与地下水监测类型区、层位等进行组合描述，如平原区孔隙浅层地下水、孔隙深层地下水。裂隙水、岩溶水应单独进行评价。

〔同一内容要求应放在一条中。〕

更正：

> **6.2.1** 地下水水位/埋深动态分析评价应符合下列规定：
> a）宜按照潜水、承压水分层进行评价；
> b）可按照浅层地下水、深层地下水进行评价，应反映地下水的埋深、水位分布情况、流场特征和动态变化；
> c）应根据地下水含水介质分类进行评价，含水介质可与地下水监测类型区、层位等进行组合描述，如平原区孔隙浅层地下水、孔隙深层地下水。裂隙水、岩溶水应单独进行评价。

示例 3：

> **5.3.4** 综合校验时应比对历年水温特征值。地下水水温特征值包括年最高水温、年最低水温、年初水温、年末水温。

〔文字重复。〕

更正：

> **5.3.4** 综合校验时应比对历年地下水水温特征值，其包括年最高水温、年最低水温、年初水温、年末水温。

（13）局部修订标准，条款号和修订标识有误。

示例1：

原条文：

> **3.3.6**　油库库址的选择，应符合环境保护和防火安全的要求。

局部修订：

> **3.3.7**　油料仓库库址的选择，应符合防火安全的要求。

> 局部修订的标准，应保持原文编号。局部修订中新增或修改的条文，应在其内容下方加横线标记，删除的内容加方框，修订标识有误。

更正：

> **3.3.6**　油料仓库库址的选择，应符合 环境保护和 防火安全的要求。

示例2：

局部修订前：

> **5.1.3**　水力发电工程的水轮机应根据水电站在系统中的作用、运行方式、运行水头范围，合理选择水轮机型式和台数。
>
> **5.1.4**　泵站工程中的水泵应根据其运行扬程范围、运行方式及供水目标、供水流量、年运行时间等，通过技术经济和能耗综合比较，合理确定其结构型式、单机流量及装机台数。在条件满足时，宜采用国家或行业推荐的技术成熟、性能先进的高效节能产品。需要进行研制开发的水泵应进行模型试验，并应经验收合格后再采用。
>
> **5.1.5**　具有多种泵型可供选择时，应综合分析泵站效率、工程投资和运行费用等因素择优确定。条件相同时宜选用效率较高的卧式离心泵，并应符合下列要求：
>
> 　**1**　离心泵站抽取清水时，所选离心泵应符合现行国家标准《清水离心泵能效限定值及节能评价值》GB 19762 的有关规定。
>
> 　**2**　轴流泵站和混流泵站的装置效率不宜低于 70%；净扬程低于 3m 的泵站，其装置效率不宜低于 60%。
>
> 　**3**　电力排灌泵站的能源单耗不应大于 5 kW·h/(kt·m)；机械排灌泵站的能源（柴油）单耗不应大于 1.35 kg/(kt·m)。

局部修订：

> **5.1.3**　水力发电工程应根据水电站在系统中的作用、运行方式、运行水头范围和生态基流泄放要求等，合理选择水轮机型式、台数和单机容量。需要进行研制开发的水轮机应进行模型试验，并应经验收合格后再采用。
>
> **5.1.5**　具有多种泵型可供选择时，应综合分析泵站效率、工程投资和运行费用等因素择优确定，并应符合下列要求：
>
> 　**1**　离心泵站抽取清水时，所选离心泵应符合现行国家标准《清水离心泵能效限定值及节能评价值》GB 19762 的有关规定。
>
> 　**2**　轴流泵站和混流泵站的水泵装置效率应符合现行国家标准《泵站设计标准》GB 50265 的有关规定。
>
> 　**3**　混流泵站和输送含沙水的离心泵站或蜗壳式混流泵站的能源单耗，应符合现行国家标准《泵站技术管理规程》GB/T 30948 的有关规定。

> 1)局部修订的标准，应在原文的基础上，新增或修改的条文，应在其内容下方加横线标记，删除的内容加方框，局部修订标识有误。
> 2)删除的章、节、条应列出原编号，并在编号后加"此章、节、条删除"字样。

更正：

5.1.3 水力发电工程应根据水电站在系统中的作用、运行方式、运行水头范围和生态基流泄放要求等，合理选择水轮机型式、台数和单机容量。需要进行研制开发的水轮机应进行模型试验，并应经验收合格后再采用。

5.1.4 此条删除。泵站工程中的水泵应根据其运行扬程范围、运行方式及供水目标、供水流量、年运行时间等，通过技术经济和能耗综合比较，合理确定其结构型式、单机流量及装机台数。在条件满足时，宜采用国家或行业推荐的技术成熟、性能先进的高效节能产品。需要进行研制开发的水泵应进行模型试验，并应经验收合格后再采用。

5.1.5 具有多种泵型可供选择时，应综合分析泵站效率、工程投资和运行费用等因素择优确定，条件相同时宜选用效率较高的卧式离心泵，并应符合下列要求：

  1 离心泵站抽取清水时，所选离心泵应符合现行国家标准《清水离心泵能效限定值及节能评价值》GB 19762 的有关规定。

  2 轴流泵站和混流泵站的水泵装置效率不宜低于 70%；净扬程低于 3m 的泵站，其装置效率不宜低于 60%。应符合现行国家标准《泵站设计标准》GB 50265 的有关规定。

  3 电力排灌泵站的能源单耗不应大于 5 kW·h/(kt·m)；机械排灌泵站的能源柴油单耗不应大于 1.35 kg/(kt·m)。混流泵站和输送含沙水的离心泵站或蜗壳式混流泵站的能源单耗，应符合现行国家标准《泵站技术管理规程》GB/T 30948 的有关规定。

（14）存在标准不适宜规定或有损公平公正的内容。
示例 1：

8.4.2 软件配置应符合下列要求：

  1 操作系统宜采用国产化操作系统或开源可控操作系统。

  2 数据库管理软件选择主流的关系数据库管理系统，优先考虑国产数据库管理系统或开源数据库管理系统。

  3 中间件应配置 Web 应用服务器、消息中间件、工作流引擎。

更正：

8.4.2 软件配置应符合下列要求：

  1 数据库管理软件选择主流的关系数据库管理系统，宜优先考虑国产数据库管理系统或开源数据库管理系统。

  2 中间件应配置网络应用服务器、消息中间件、工作流引擎。

示例2：

> **9.3.1　管材选择**
>
> 供水管材选择应根据管径、设计内水压力、敷设方式、外部荷载、地形、地质、施工和材料供应等条件，通过结构计算和技术经济比较确定，并符合下列要求：
> a) 应符合国家现行产品标准要求；
> b) 管道的设计内水压力可按表7确定，选用管材的公称压力不应小于设计内水压力。最大工作压力应根据工作时的最大动水压力和不输水时的最大静水压力确定；
> ……
> e) 连接管件和密封圈等配件，<u>宜由管材生产企业配套供应</u>。

> 有损公平公正条款

更正：

> **9.3.1　管材选择**
>
> 供水管材选择应根据管径、设计内水压力、敷设方式、外部荷载、地形、地质、施工和材料供应等条件，通过结构计算和技术经济比较确定，并符合下列要求：
> a) 应符合国家现行产品标准要求；
> b) 管道的设计内水压力可按表7确定，选用管材的公称压力不应小于设计内水压力。最大工作压力应根据工作时的最大动水压力和不输水时的最大静水压力确定；
> ……
> e) 连接管件和密封圈等配件，应配套使用。

（15）技术要求超标准范围。

错误示例1：

> 附录D
> （资料性）
> 水利工程白蚁防治经费测算参考方法

处置意见：该附录不属于技术内容，建议删除。

错误示例2：

> **10.2.1**　白蚁防治药物应经过国家有关部门批准生产或登记，登记范围应包含白蚁防治，不应使用未经批准生产或登记的药物。

更正：

> **10.2.1**　不应使用未经批准（无药品注册证书）的白蚁防治药物。

错误示例3：

> **D.5**　发生有机磷类药物中毒的急救方法：<u>轻度中毒者应及时服用阿托品</u>；重度中毒者应立即送医。常用的有机磷类药物有：毒死蜱，中毒症状表现为抽搐、痉挛、头痛、恶心、呕吐等。
> **D.6**　发生拟除虫菊酯类药物中毒的急救方法：重度中毒者不能催吐，<u>应立即送医</u>。<u>常用的拟除虫菊酯类药物有：联苯菊酯、氰戊菊酯、氯氰菊酯、氯菊酯</u>，中毒症状表现为抽搐、痉挛、头痛、头昏、恶心、呕吐，双手颤抖等。
> **D.7**　发生新烟碱类杀虫剂药物中毒的急救原则：应立即送医。<u>常用的新烟碱类杀虫剂药物有吡虫啉</u>，中毒症状表现为麻木、肌无力、呼吸困难和震颤等。

处置意见：该部分内容非"水利工程白蚁防治"技术范畴，建议删除。

（16）对自然属性做出了规定。

错误示例1：

> **4.2.1** 水文分区是根据流域或区域的水文特征和自然地理条件所划分的不同水文区域。在同一水文分区内，水文要素呈均匀渐变，不同下垫面在交界处存在不均匀突变。
>
> **4.2.2** 水文分区的目的是从空间上揭示水文特性的相似与差异、共性与个性，以便科学合理地规划和布设水文站网。

更正：

> **4.2.1** 应根据流域或区域的水文特征和自然地理条件，对不同水文区域进行水文分区。科学合理地规划和布设水文站网，以便从空间上揭示水文特性的相似与差异、共性与个性。

错误示例2：

> **5.3.2** 地下水水温年变化一般较小，出现可疑数据时应及时查看巡测和运维记录，将人工监测数据作为可疑数据修正和资料插补的依据。

对自然属性做出了规定

更正：

> **5.3.2** 出现可疑数据时应及时查看巡测和运维记录，将人工监测数据作为可疑数据修正和资料插补的依据。

（17）介绍编写原因，工程建设类标准中除总则第1条外的其他条文不应叙述制定条文的目的或理由。一些标准中经常出现"为了……，×××应……""由于……，×××应……"等语句，均不符合标准编写规定。

错误示例1：

> **6.4.2** 为了方便集中清理沉底的幼虫及底泥，沉积物末端宜设置沉积物收集和排空的设施。

更正：

> **6.4.2** 沉积物末端宜设置沉积物收集和排空的设施，以便集中清理沉底的幼虫及底泥。

错误示例2：

> d）为弥补区域代表站控制作用之不足，可选择一部分小河流量站，作为小河泥沙站。

更正：

> d）可选择一部分小河流量站，作为小河泥沙站，以弥补区域代表站控制作用之不足。

（18）有宣传嫌疑。在条文说明中不应写入有损公平、公正原则的内容，如单位名称、产品名称、产品型号等。

示例：

> **11.2.7**
>
> 　　3　随着我国北斗卫星系统的全面建成，全球导航卫星系统中可接受卫星数量增加也大大增加了卫星定位的精度。大坝变形观测一直以来都具有技术难度较大和观测条件要求高的特点，根据这种情况 SL551 规定在运行期最低每年只需要观测 2 次，但在实际运行中观测数据太少，基本无法发现运行中大坝位移的变化规律。GNSS 具有全自动化观测功能，但在精度方法一直未能完全满足大坝安全监测精度要求，另外一方面就是其设备费用高昂，一般小型水库无法承受。近年来我国也不断引进国外先进技术，<u>如水利部交通运输部国家能源局南京水利科学研究院依托水利部 948 项目《高精度全自动三维变形实时监测和预警系统》引进的 GNSS 实时变形监测系统，在云南某工程进行了示范应用，经过 24h 观测，精度可达到水平 1mm，垂直 2mm</u>，能够满足水库大坝安全监测需要。在此基础上，国内众多厂家也进行了自主研发，所生产的产品观测精度也有大幅提升，在水库经济条件允许的情况下采用自动化观测方式，达到大幅提高观测频次，对运行过程中发现异常情况有极大帮助。但考虑到 GNSS 观测垂直位移精度还存在不足之处，应主要用于水平位移观测，垂直位移作为参考。

处置意见：删除有单位名称和相应成果的内容。

4.7　引　用　标　准

4.7.1　相关规定

　　《工程建设标准编写规定》（建标〔2008〕182 号）、SL/T 1—2024《水利技术标准编写规程》、GB/T 1.1—2020《标准化工作导则　第 1 部分：标准化文件的结构和起草规则》三者对引用标准的设置位置、表述与排版以及引用要求等各不相同，见表 4.7。

表 4.7　　　　　　　　　　　三种标准"引用标准"要求对比

分　类		工程建设类		非工程建设类	
		国家标准	水利行业标准	水利行业标准	国家标准
编写依据		《工程建设标准编写规定》	SL/T 1—2024	GB/T 1.1—2020	
引用标准	排放位置	"引用标准名录"单独作为一章，放在"条文说明"前面	作为"总则"中的一条	"规范性引用文件"作为必备/可选要素，单独作为一章"2 规范性引用文件"	
	章节要求	若无，可无该章	若无，可无该条	若无，应在章的标题下给出"本文件没有规范性引用文件"	
	表达形式	示例：排版居中 引用标准名录 《防洪标准》GB 50201 《泵站设计标准》GB 50265 《水利水电量和单位》SL 2	示例： 1.0.×　本标准主要引用下列标准： GB 50201 防洪标准 GB 50265 泵站设计标准 SL 2 水利水电量和单位	2　规范性引用文件 　　下列文件中的内容通过文中的规范性引用而构成本文件必不可少的条款。其中，注日期的引用文件，仅该日期对应的版本适用于本文件；不注日期的引用文件，其最新版本（包括所有的修改单）适用于本文件。 　　GB 50201 防洪标准 　　GB 50265 泵站设计标准 　　SL 2 水利水电量和单位	

分 类		工程建设类		非工程建设类	
		国家标准	水利行业标准	水利行业标准	国家标准
编写依据		《工程建设标准编写规定》	SL/T 1—2024	GB/T 1.1—2020	
引用标准	引导语	无	本标准主要引用下列标准：	下列文件中的内容通过文中的规范性引用而构成本文件必不可少的条款。其中，注日期的引用文件，仅该日期对应的版本适用本文件；不注日期的引用文件，其最新版本（包括所有的修改单）适用于本文件	
	引用要求	国家标准、行业标准可以引用国家标准或行业标准，不应引用地方标准；地方标准可以引用国家标准、行业标准或地方标准。 被引用的行业标准或地方标准必须是经备案的标准。 强制性条文中引用其他标准，仅表示在执行该强制性条文时，必须同时执行被引用标准的有关规定。 强制性条文中不应引用本标准中非强制性条文的内容	引用标准应为现行有效的国家标准、行业标准，国家标准和行业标准不应引用地方标准和企业标准。确有必要引用国际标准时，如果国际标准有对应的等同采用的国家标准，则应引用相应的国家标准；否则，应将采用的相关内容结合标准编写的实际，作为标准的正式条文列出，并在条文说明中说明原文及出处。 引用标准中的被引用内容应为本标准的组成部分。标准正文和附录中未提及的标准不应列入引用标准清单	引用文件排列顺序： a) 国家标准化文件； b) 行业标准化文件； c) 本行政区域的地方标准化文件； d) 团体标准化文件； e) ISO、ISO/IEC、或 IEC 标准化文件； f) 其他机构或组织的标准化文件； g) 其他文献。 其中，国家标准、ISO 或 IEC 标准按文件顺序号排列，行业标准、地方标准、团体标准、其他国际标准化文件按文件代号的拉丁字母和/或阿拉伯数字的顺序排列，再按文件顺序号排列	
		对标准条文中引用的标准在其修订后不再适用，应指明被引用标准的名称、代号、顺序号、年号。 对标准条文中被引用的标准在其修订后仍然适用，应指明被引用标准的名称、代号和顺序号，不写年号	当引用标准的最新版本（包括所有的修改单）适用于本标准时，不应写明标准发布年号；当引用某个标准的具体条文时，应写明标准发布年号	注日期引用：引用的指定版本适用。凡不能确定是否能够接受被引用文件将来的所有变化，或者提及了被引用文件中的具体章、条、图、表或附录的编号，均应注日期。注日期引用的表述应指明年份。 不注日期引用：被引用文件的最新版本（包括所有的修改单）适用。只有能够接受所引用内容将来的所有变化（尤其对于规范性引用），并且引用了完整的文件，或者未提及被引用文件具体内容的编号，才可不注日期。不知日期引用的表述不应指名年代	

4.7.2 易错点

（1）排序混乱。未按国家标准→水利行业标准→其他行业标准→ISO 标准→IEC 标准和其他国际标准排序，或标准编号未按从小到大排序。对于水利行业标准，引用的行业标准排序中，水利标准应排在先。

（2）注日期引用和不注日期引用的标准，该带发布年代号的，没带；不该带的，全文都带。

（3）引用失效标准。

（4）未引用到。在正文中未涉及或未引用到。

（5）将法律法规或上级文件列入引用标准清单。

（6）标准名称和标准编号错位。

（7）注中引用的标准列入引用标准清单。

（8）引用标准过多，给使用带来不便，特别是现场验收类的项目。

4.7.3 案例分析

（1）排序有误。

示例 1：

> GB/T 25173《水域纳污能力计算规程》
> GB/T 50594《水功能区划分标准》
> GB 3838《地表水环境质量标准》
> SL 219《水环境监测规范》
> SL 662《入河排污量统计技术规程》
> SL 278《水利水电工程水文计算规范》
> HJ 2.3《环境影响评价技术导则　地表水环境》
> HJ 130《规划环境影响评价技术导则　总纲》

1）同类标准中标准排序应按标准编号从小到大的次序排列。
2）应删除标准名称的书名号。

更正：

> GB 3838 地表水环境质量标准
> GB/T 25173 水域纳污能力计算规程
> GB/T 50594 水功能区划分标准
> SL 219 水环境监测规范
> SL 278 水利水电工程水文计算规范
> SL 662 入河排污量统计技术规程
> HJ 2.3 环境影响评价技术导则　地表水环境
> HJ 130 规划环境影响评价技术导则　总纲

示例 2：

> GB 50168　电气装置安装工程　电缆线路施工及验收标准
> GB 50231　机械设备安装工程施工及验收通用规范
> GB 50256　电气装置安装工程　起重机电气装置施工及验收规范
> GB/T 3811　起重机设计规范
> GB/T 3863　工业氧
> GB/T 4237　不锈钢热轧钢板和钢带
> HG/T 2579　普通液压系统用 O 形橡胶密封圈材料
> HG/T 2810　往复运动橡胶密封圈材料
> SL 36　水工金属结构焊接通用技术条件
> SL 41　水利水电工程启闭机设计规范
> SL 105　水工金属结构防腐蚀规范
> NB/T 47013.3　承压设备无损检测　第 3 部分：超声检测
> NB/T 47013.4　承压设备无损检测　第 4 部分：磁粉检测

> 1) 标准排序应按标准编号从小到大，与强制性标准和推荐行标准无关；
> 2) 水利技术标准，在行业标准排序中，应排在国家标准的后面、其他行业标准的前面。

更正：

> GB/T 3811　起重机设计规范
> GB/T 3863　工业氧
> GB/T 4237　不锈钢热轧钢板和钢带
> GB 50168　电气装置安装工程　电缆线路施工及验收标准
> GB 50231　机械设备安装工程施工及验收通用规范
> GB 50256　电气装置安装工程　起重机电气装置施工及验收规范
> SL 36　水工金属结构焊接通用技术条件
> SL 41　水利水电工程启闭机设计规范
> SL 105　水工金属结构防腐蚀规范
> HG/T 2579　普通液压系统用 O 形橡胶密封圈材料
> HG/T 2810　往复运动橡胶密封圈材料
> NB/T 47013.3　承压设备无损检测　第 3 部分：检测
> NB/T 47013.4　承压设备无损检测　第 4 部分：磁粉检测

（2）注日期引用和不注日期。

示例 1：

> **6.5.2** 无人机系统外观检查宜按 CH/Z 3001 中 6.1 规定的要求执行，并符合下列要求：

更正：

> **6.5.2** 无人机系统外观检查宜按 CH/Z 3001—2010 中 6.1 规定的要求执行，并符合下列要求：

示例 2：

> b）液压马达应符合 JB/T 10829—2008 的规定；

更正：

> b）液压马达应符合 JB/T 10829 的规定；

（3）引用失效标准。

示例：SL 377—2007

> ## 2 引 用 标 准
>
> 本规范引用标准主要有：
> 《硅酸盐水泥、普通硅酸盐水泥》（GB 175）
> 《锚杆喷射混凝土支护技术规范》（GB 50086）
> 《水利水电工程地质勘察规范》（GB 50287）
> 《水工预应力锚固施工规范》（SL 46）
> 《水工预应力锚固设计规范》（SL 212）
> 《水工混凝土试验规程》（SD 105—82）
> 《水工建筑物地下开挖工程施工规范》（SL 387—2007）
> 《水利水电建筑安装安全技术工作规程》（SD 267—88）
> 《水工混凝土施工规范》（SDJ 207—82）

已被SL 352—2006《水工混凝土试验规程》替代

已被SL 401—2007《水利水电工程施工作业人员安全操作规程》替代

（4）注中引用的标准或正文中未引用到的标准，不应列入引用标准清单，建议调至"参考文献"中。

示例：

> ## 2 规范性引用文件
>
> 　　下列文件中的内容通过文中的规范性引用而构成本文件必不可少的条款。其中，注日期的引用文件，仅该日期对应的版本适用于本文件；不注日期的引用文件，其最新版本（包括所有的修改单）适用于本文件。
>
> 　　GB/T 39737　国家公园设立规范
> 　　GB/T 50138　水位观测标准
> 　　GB 50179　河流流量测验规范
> 　　SL 278　水利水电工程水文计算规范
> 　　SL 537　水工建筑物与堰槽测流规范
> 　　SL/T 712　河湖生态环境需水计算规范
> 　　SL/T 784　水文应急监测技术导则
> 　　SL/T 793　河湖健康评估技术导则
> 　　SL/T 800　河湖生态系统保护与修复工程技术导则
> 　　HJ 710　生物多样性观测技术导则
> 　　NB/T 35053　水电站分层取水进水口设计规范

正文中未引用到的标准不允许列入"规范性引用文件"。GB/T 39737和SL/T 793是在6.2.2条的"注"中引用的标准，属于说明，不属于规范性引用，不应列入。

> **6.2.2**　宜分析天然水文情势对维持河湖生态系统原真性和完整性的生态学意义，以及对河湖生态系统演变的驱动机制。
> 　　注：原真性指河湖生态系统大部分保持近自然荒野状态或者需恢复到特定历史状态的属性，GB/T 39737 和 SL/T 793 中规定了相关分析方法。完整性指河湖生态系统生态功能赖以正常发挥的组成要素与生态过程完整，SL/T 793 和《长江流域水生生物完整性指数评价办法》（农长渔发〔2021〕3 号）中规定了相关分析方法。

更正：

---

2 规范性引用文件

下列文件中的内容通过文中的规范性引用而构成本文件必不可少的条款。其中，注日期的引用文件，仅该日期对应的版本适用于本文件；不注日期的引用文件，其最新版本（包括所有的修改单）适用于本文件。

GB/T 50138　水位观测标准

GB 50179　河流流量测验规范

SL 278　水利水电工程水文计算规范

SL 537　水工建筑物与堰槽测流规范

SL/T 712　河湖生态环境需水计算规范

SL/T 784　水文应急监测技术导则

SL/T 800　河湖生态系统保护与修复工程技术导则

HJ 710　生物多样性观测技术导则

NB/T 35053　水电站分层取水进水口设计规范

参考文献

[1] GB/T 39737　国家公园设立规范

[2] SL/T 793　河湖健康评估技术导则

（5）将法律法规或上级文件列入引用标准清单。

示例：

---

2 规范性引用文件

下列文件对于本文件的应用是必不可少的。凡是注日期的引用文件，仅注日期的版本适用于本文件。凡是不注日期的引用文件，其最新版本（包括所有的修改单）适用于本标准。

文物认定管理暂行办法（中华人民共和国文化部令〔2009〕第146 号）

SL 300—2013 水利风景区评价标准

> 1）标准中不宜出现要求符合法律法规和政策性文件的条款。所以，引用文件清单中就不应出现法律法规和政策性文件。
> 2）引出语应采用GB/T 1.1—2020中给出的典型用语。

更正：

---

2 规范性引用文件

下列文件中的内容通过文中的规范性引用而构成本文件必不可少的条款。其中，注日期的引用文件，仅该日期对应的版本适用于本文件；不注日期的引用文件，其最新版本（包括所有的修改单）适用于本文件。

SL 300—2013　水利风景区评价标准

（6）标准编号与标准名称错位。

示例：

> **1.0.8**　本规范的主要引用标准有：
>
> 《土石坝沥青混凝土面板和心墙设计规范》（SL 501）
>
> 《常规控制图》（GB/T 4091）
>
> 《岩土工程仪器 振弦式传感器通用技术条件》（GB/T 13606）
>
> 《土石坝安全监测技术规范》（SL 60）
>
> 《水利水电工程施工质量检验与评定规程》（SL 176）
>
> 《表层型核子水分-密度仪现场测试规程》（SL 275.1）
>
> 《混凝土坝安全监测技术规范》（DL/T 5178）
>
> 《水工沥青混凝土试验规程》（DL/T 5362）
>
> 《土石坝沥青混凝土面板和心墙设计规范》（DL/T 5411）
>
> 《公路沥青路面施工技术规范》（JTG F40）
>
> 《公路工程沥青及沥青混合料试验规程》（JTJ 052）
>
> 《交通工程土工合成材料 土工格栅》（JT/T 480）

　　1）引用标准清单书写格式应为：标准编号+标准名称。
　　2）标准未按要求排序。
　　3）《土石坝沥青混凝土面板和心墙设计规范》（SL 501）、《土石坝安全监测技术规范》（SL 60）是在条文说明中引用到的，不应列入。

更正：

> **1.0.8**　本规范的主要引用标准有：
>
> GB/T 4091　常规控制图
>
> GB/T 13606　岩土工程仪器振弦式传感器通用技术条件
>
> SL 176　水利水电工程施工质量检验与评定规程
>
> SL 275.1　表层型核子水分-密度仪现场试规程
>
> DL/T 5178　混凝土坝安全监测技术规范
>
> DL/T 5362　水工沥青混凝土试验规程
>
> DL/T 5411　土石坝沥青混凝土面板和心墙设计规范
>
> JTG F40　公路沥青路面施工技术规范
>
> JTJ 052　公路工程沥青及沥青混合料试验规程
>
> JT/T 480　交通工程土工合成材料 土工格栅

（7）将注中引用的标准或条文说明中引用的标准列入了引用标准清单。

> **2　规范性引用文件**
>
> 　　凡是注日期的引用文件，仅注日期的版本适用于本标准。凡是不注日期的引用文件，其最新版本（包括所有的修改单）适用于本标准。
>
> 　　GB/T 12959　水泥水化热测定方法
>
> 　　JJF 1002　国家计量检定规程编写规则

　　将注中引用的标准列入了引用文件，应删除。

表 1　　　　　　　　　　　　　　　　校验项目一览表

校验项目	主要校验器具	首次校验	后续校验	使用中检查
4.1a)、4.1b)	目测	+	−	−
4.1c)	目测	+	+	+
4.2a)	标准水银温度计、时钟	+	+	+
4.2b)	标准水银温度计、贝克曼温度计、放大镜、时钟	+	+	−
4.2c)	量热温度计、放大镜、时钟	+	+	+
4.2d)	量热温度计、放大镜、时钟	+	+	−

注 1：JJF1002 中 5.11.1 规定了首次校验、后续校验和使用中检查的具体内容。

注 2："校验项目"列中给出对应技术要求部分条文编号。

注 3："＋"表示应检项目，"−"表示可不检项目。

1.0.6　本标准的引用标准主要有：

　　GB 50025　湿陷性黄土地区建筑标准

　　GB 50286　堤防工程设计规范

　　……

　　SL/T 794　堤防工程安全监测技术规程

　　DL/T 5129　碾压式土石坝施工规范

　　……

> 将条文说明中引用的标准列入了引用标准清单，应删除。

条文说明：

7.7.2　……条文参考 DL/T 5129，并结合堤防工程特点提出要求。

4.8　术　　语

4.8.1　相关规定

《工程建设标准编写规定》（建标〔2008〕182 号）、SL/T 1—2024《水利技术标准编写规程》、GB/T 1.1—2020《标准化工作导则　第 1 部分：标准化文件的结构和起草规则》三者对术语的要求基本相同，但排放位置、编号等有所不同，见表 4.8。

表 4.8　　　　　　　　　　　　　　　三种标准"术语"要求对比

分类		工程建设类		非工程建设类	
		国家标准	水利行业标准	水利行业标准	国家标准
编写依据		《工程建设标准编写规定》	SL/T 1—2024	GB/T 1.1—2020	
术语	引出语	无引出语	1) 如果仅所列术语及其定义适用，采用"下列术语及其定义适用于本标准"。 2) 如果仅同级或上级标准界定的术语及其定义适用，应采用"……（标准编号）界定的术语及其定义适用于本标准"的引导语。 3) 如果除了同级或上级标准界定的术语及其定义，还有所列的术语及其定义适用，采用"……（标准编号）界定的以及下列术语及其定义适用于本标准"的引导语。	术语条目应由下述适当的引导语引出： ——仅仅标准中界定的术语和定义适用时，使用"下列术语和定义适用于本文件"。 ——其他文件界定的术语和定义也适用时，使用："……界定的以及下列术语和定义适用本文件。" ——仅仅其他文件界定的术语和定义适用时，使用："……界定的术语和定义适用本文件"	
	排放位置	条款号＋术语中文名称和英文名称，顶格		第3章，条款号顶格；术语中文名称和英文名称换行，空两格空格	
	编号	×.×.×或×.0.×		3.×或3.×.×	

4.8.2　易错点

（1）使用了系词，主要包括"××××是指……""指××××××""就是……"等。

（2）定义不唯一，即在定义中给出了两种及以上的定义。

（3）非本标准特有的（不属于术语的）。

（4）本标准特指的，但未在术语中定义。

（5）语句不精练、不清晰，存在"……称为……"重复术语名称现象。

（6）重要语句不连贯。

（7）存在技术规定。

（8）英文使用了大写字母。

（9）英文名称加了括号。

（10）缺少英文名称。

（11）已有术语未注明来源的。

4.8.3　案例分析

（1）使用了系词，需删除。

示例 1：

3.1

国家水文站网　**national hydrological station network**

国家水文站网是经国家统一规划、法定程序设立，符合国家水文技术标准、规范和规程要求的水文站网。其他社会有关单位和个人依法建设的水文站点是国家水文站网的补充。

更正：

> **3.1**
>
> **国家水文站网　national hydrological station network**
> 经国家统一规划、法定程序设立，符合国家水文技术标准要求的水文站网。

示例 2：

> **3.2**
>
> **水库工程管理范围　management area of reservoir engineering**
> 指 水库工程区管理范围和运行区管理范围。工程区管理范围包括大坝、溢洪道、输水道等建（构）筑物周围的管理范围和水库土地征用线以内的库区；运行区管理范围包括监测、交通、通信、供电等附属工程设施区域，管理单位生产生活区。

更正：

> **3.2**
>
> **水库工程管理范围 management area of reservoir engineering**
> 水库工程区管理范围和运行区管理范围。工程区管理范围包括大坝、溢洪道、输水道等建（构）筑物周围的管理范围和水库土地征用线以内的库区；运行区管理范围包括监测、交通、通信、供电等附属工程设施区域，管理单位生产生活区。

示例 3：

> **2.1**
>
> **工程控制断面　engineering control section**
> 是指 为保证水利水电工程下游生活、生产和生态用水需求，在工程（设施）取水断面或下游一定水域范围内适合控制和监测下泄流量而设置的断面。

更正：

> **2.1**
>
> **工程控制断面　engineering control section**
> 为保证水利水电工程下游生活、生产和生态用水需求，在工程（设施）取水断面或下游一定水域范围内适合控制和监测下泄流量而设置的断面。

（2）定义不唯一和在正文中未提及（非特定术语）。

错误示例 1：

> **2.1.5　数据汇集 data confluence**
> 收集数据并以汇总形式表示集中处理存储的过程。本规范中是指数据从分散的小型水库现场向上一级接收平台集中处理的过程。

存在两种定义，定义不唯一。

更正：

> **2.1.5** 数据汇集 data confluence
>
> 数据从分散的小型水库现场向上一级接收平台集中处理的过程。

错误示例 2：

> **3.1**
>
> **地下水动态分析评价 groundwater regime analysis and evaluation**
>
> 根据地下水管理与保护需求，在某一评价时段内，分析区域内地下水水位/埋深、水温、泉流量、开采量、水质、蓄变量等要素的动态变化情况。其中地下水的水位/埋深、水温、水量和水质等要素随时间变化的现象和过程称为地下水动态。

〔存在两个术语定义。〕

更正：

> **3.1**
>
> **地下水动态分析评价 groundwater regime analysis and evaluation**
>
> 根据地下水管理与保护需求，在某一评价时段内，分析区域内地下水水位/埋深、水温、泉流量、开采量、水质、蓄变量等要素随时间变化的现象和动态过程。

（3）非本标准特有的，或不属于术语的，或在正文中未提及的术语。

示例：

> **2.1.5** 数据汇集 data confluence
>
> 收集数据并以汇总形式表示集中处理存储的过程。

〔正文中未提及，非本标准特有的术语，需删除。〕

（4）本标准特指的，但未在术语中定义。

示例 1：

> **5.1.1** 地下水监测是指在特定时间段内对地下水水位/埋深、水温、水量、水质数值变化进行观测的过程。一般意义上包括监测与调查，监测主要有人工监测和自动监测。

〔1) 前半句移到术语中，补充"地下水监测"的术语和定义。
2) 后半句改为：地下水监测工作主要包括监测和调查两部分内容。监测可分为人工监测和自动监测。〕

示例 2：

> **5.5.1** 平原区站是指在具有多个入流、出流口，且流域面积难以划分，水量难以算清的平原区进行区域水量平衡测验，探索水文要素变化规律的流量站。平原区流量站网的布设应按区域水量平衡和区域代表相结合的原则进行。

〔将前半句移到术语中，补充"平原区站"的术语和定义。〕

（5）语句不精练、不清晰，存在"……称为……"重复术语名称现象。

错误示例：

3.1　地下水动态分析评价 Groundwater regime analysis and evaluation
　　根据地下水管理与保护需求，在某一评价时段内，分析区域内地下水水位/埋深、水温、泉流量、开采量、水质、蓄变量等要素的动态变化情况。其中地下水的水位/埋深、水温、水量和水质等要素随时间变化的现象和过程称为地下水动态。

> 该标准为非工程类标准：
> 1）定义不精练、不清晰，非本标准特有的；
> 2）删除"称为……"无需重复术语名称；
> 3）英文名称应全部小写；
> 4）术语应换行

更正：

3.1
地下水动态分析评价 groundwater regime analysis and evaluation
　　根据地下水管理与保护需求，在某一评价时段内，分析区域内地下水水位/埋深、水温、泉流量、开采量、水质、蓄变量等要素随时间变化的现象和动态过程。

（6）重要语句不连贯。

示例：

3.1
裕量 margin of safety
　　水功能区水质与对应陆域范围及其污染负荷响应关系的不确定性，为保障水功能区水质达标，提高水环境安全保障程度，而预留的部分水域纳污能力。

> 重要语句不连贯。

更正：

3.1
裕量 margin of safety
　　为保障水功能区水质达标，提高水环境安全保障程度，针对水功能区水质与对应陆域范围及其污染负荷响应关系的不确定性，而预留的部分水域纳污能力。

（7）定义中存在技术规定，应将技术规定移到正文中。

错误示例1：

3.3
通水倍数 bed volume treatment rate
　　工艺连续运行期间内树脂处理水量与再生树脂体积之比，不同水质的通水倍数宜通过试验确定。

更正：

3.3
通水倍数 bed volume treatment rate
　　工艺连续运行期间内树脂处理水量与再生树脂体积之比。

71

错误示例 2：

> **3.4**
>
> **基本生态流量 basic ecological flow**
> 维持河湖形态稳定，避免河湖生态系统结构和功能遭受难以恢复的破坏所需的生态流量。宜用年内不同时段流量（水量、水位）、全年流量（水量、水位）过程等指标表征。

更正：

> **3.4**
>
> **基本生态流量 basic ecological flowe**
> 维持河湖形态稳定，避免河湖生态系统结构和功能遭受难以恢复的破坏所需的生态流量。

错误示例 3：

> **2.1.4 监测平台 safety monitoring platform**
> 用于小型水库雨水情监测、大坝安全监测、视频图像监视信息汇集应用与共享服务的信息系统。可分为部级、流域级、省级、市县级监测平台。

更正：

> **2.1.4 监测平台 safety monitoring platform**
> 用于小型水库雨水情监测、大坝安全监测、视频图像监视信息汇集应用与共享服务的信息系统。

（8）术语的英文名称使用了大写字母，应全部使用小写英文字母。

错误示例：

> **3.1.2 流量系数 K_v Discharge Coefficient K_v**
> 用于表示阀门的流通能力的系数。当调流调压阀某一开度时，阀门前、后两端的压差 ΔP 为 0.1MPa，常温试验介质每小时流经调流调压阀的流量，以 m^3/h 计。

1）英文名称使用了大写字母；
2）角标字母使用了斜体；
3）存在技术规定。

更正：

> **3.1.2 流量系数 K_v discharge coefficient K_v**
> 用于表示阀门的流通能力的系数。

（9）英文名称加了括号。

错误示例：

> **2.0.5 水利基础设施网络（water infrastructure network）**
> 由自然河湖水系、水利工程体系、水文监测设施体系及智慧水利协调融合而成的水利基础设施系统。

更正：

> **2.0.5　水利基础设施网络 water infrastructure network**
> 由自然河湖水系、水利工程体系、水文监测设施体系及智慧水利协调融合而成的水利基础设施系统。

（10）缺少英文名称。

错误示例：

> **3.1**
>
> 游离氰化物
>
> 全部简单氰化物（多为碱金属和碱土金属的氰化物，铵的氰化物）和锌氰络合物的总和，不包括铁氰络合物、铜氰络合物、镍氰络合物、钴氰络合物和硫化物。

更正：

> **3.1**
>
> **游离氰化物 free cyanide**
> 除铁、铜、镍、钴的氰络合物以及硫氢化物以外，所有简单氰化物和锌氰络合物的总和。
> 注：简单氰化物多为碱金属、碱土金属的以及铵的氰化物。

（11）已有术语未注明来源。

错误示例：

> **3　术语**
>
> 下列术语适用于本标准。
> **3.1　引调水工程　water diversion project**
> 为满足供水、灌溉、生态需水等要求，将水资源从一个区域（流域）引流、调剂、补充到另一个区域（流域），兴建的水资源配置工程。
> **3.2　调出区　the area for diverting water out**
> 调出水量的河流（湖库）所涉及的区域。
> **3.3　输水线路区　the area for water transporting route**
> 连接取水点和受水点，由明渠、管道、渡槽、涵洞、隧洞、倒虹吸等输水建筑物以及泵站、闸站、分水口门等水工建筑物，与河流、湖泊、水库等自然水体组合而成的输水通道所涉及的区域。
> **3.4　受水区 the area for water receiving**
> 接纳调出区来水的自然河流、湖泊、水库、渠道，或引调水工程供水范围及其退水的接纳水体所涉及的区域。

> 1)"调出区""输水线路区""受水区"在SL 430—2008《调水工程设计导则》中已有规定，应注明出处。
> 2)排版格式有误。

更正：

> **3 术语**
>
> SL 430—2008 界定的以及下列术语和定义适用于本标准。
>
> **3.1**
>
> **引调水工程 water diversion project**
>
> 为满足供水、灌溉、生态需水等要求，将水资源从一个区域（流域）引流、调剂、补充到另一个区域（流域），兴建的水资源配置工程。
>
> **3.2**
>
> **调出区 the area for diverting water out**
>
> 调出水量的河流（湖库）所涉及的区域。
>
> ［来源：SL 430—2008，2.0.2］
>
> **3.3**
>
> **输水线路区 the area for water transporting route**
>
> 连接取水点和受水点，由明渠、管道、渡槽、涵洞、隧洞、倒虹吸等输水建筑物以及泵站、闸站、分水口门等水工建筑物，与河流、湖泊、水库等自然水体组合而成的输水通道所涉及的区域。
>
> ［来源：SL 430—2008，2.0.7］
>
> **3.4**
>
> **受水区 the area for water receiving**
>
> 接纳调出区来水的自然河流、湖泊、水库、渠道，或引调水工程供水范围及其退水的接纳水体所涉及的区域。
>
> ［来源：SL 430—2008，2.0.4］

4.9 符 号

4.9.1 相关规定

《工程建设标准编写规定》（建标〔2008〕182 号）、SL/T 1—2024《水利技术标准编写规程》、GB/T 1.1—2020《标准化工作导则 第 1 部分：标准化文件的结构和起草规则》三者对符号的要求基本相同。

4.9.2 易错点

（1）表示方式不妥。

（2）第一次出现应注明中文含义。

（3）前后重复或不一致，主要在符号一节中进行规定，在标准正文中又给出了解释，有时还存在前后说法不一致的现象。

4.9.3　案例分析

错误示例1：

> 下列缩略语适用于本文件。
> BDS：中国北斗卫星导航系统（BeiDou Navigation Satellite System）
> CGI：通用网关接口（Common Gateway Interface）
> CIF：通用影像传输格式（Common Intermediate Format）

英文缩写应与其英文全称放在一起。

更正：

> 下列缩略语适用于本文件。
> BDS（BeiDou Navigation Satellite System）：中国北斗卫星导航系统
> CGI（Common Gateway Interface）：通用网关接口
> CIF（Common Intermediate Format）：通用影像传输格式

错误示例2：

> **5.1.7**　箱式水电站的400V系统接地宜采用TN－C－S系统，接地网的工频接地电阻不宜大于4Ω。箱体内所有设备外壳应与箱体有导体连接，箱体与接地网应有两处连接。

"TN－C－S"第一次出现，应注明中文名称。

"TN－C－S"系统定义在另外一项标准GB/T 50052—2009《供配电系统设计规范》2.0.10条中有规定，因该条内容较多，不便全部写出来，故采取"条注"的方式加以解释。

> **20.10　TN系统 TN system**
> 电力系统有一点直接接地，电气装置的外露可导电部分通过保护线与该接地点相连接。根据中性导体（N）和保护导体（PE）的配置方式，TN系统可分为如下三类：
> 1　TN－C系统，整个系统的N、PE线是合一的。
> 2　TN－C－S系统，系统中有一部分线路的N、PE线是合一的。
> 3　TN－S系统，整个系统的N、PE线是分开的。

更正：

> **5.1.7**　箱式水电站的400V系统接地宜采用TN－C－S系统，接地网的工频接地电阻不宜大于4Ω。箱体内所有设备外壳应与箱体有导体连接，箱体与接地网应有两处连接。
> 注：TN－C－S系统定义见GB/T 50052—2009中2.0.10条。

错误示例3：

> **7.2.8**　水库监测站与水库监测中心站及监测平台之间可采用有线或无线通信方式。有线通信可采用光纤、RS－485/422A等方式。无线通信宜具备主、备双信道数据通信。无线通信可采用超短波、物联网、无线网桥、北斗卫星、NBIoT、LoRa等方式。

RS－485/422A、NBIoT、LoRa第一次出现应写出中文名称。

若符号在正文中使用较多，可在"符号"章中统一单独规定。

更正：

> **7.2.8**　水库监测站与水库监测中心站及监测平台之间可采用有线或无线通信方式。有线通信可采用光纤通信、RS－485/422A（异步串行通信）等方式。无线通信宜具备主、备双信道数据通信。无线通信可采用超短波、物联网、无线网桥、北斗卫星、NB－IoT（窄带物联网）、LoRa（长距离无线通信技术）等方式。

4.10　标　点　符　号

4.10.1　相关规定

《工程建设标准编写规定》（建标〔2008〕182号）、SL/T 1—2024《水利技术标准编写规程》、GB/T 1.1—2020《标准化工作导则　第1部分：标准化文件的结构和起草规则》中有不同的效力，其编号、排版位置等要求也有所不同，见表4.9。

表4.9　　　　　　　　　　　三种标准"标点符号"要求对比

分　类		工程建设类		非工程建设类	
		国家标准	水利行业标准	水利行业标准	国家标准
编写依据		《工程建设标准编写规定》	SL/T 1—2024	GB/T 1.1—2020	
标点符号	要求	标准条文及条文说明应采用国家正式公布实施的简化汉字	使用的汉字应为规范汉字，使用的标点符号应符合GB/T 15834的规定	应符合GB/T 15834的规定	
		图名、表名、公式、表栏标题：不应采用标点符号	标准名称、章节标题、图名、表名和表栏标题，不宜使用标点符号		
		表中文字可使用标点符号，最末一句不用句号			
	括号	在条文中不宜采用括号方式表达条文的补充内容；当需要使用括号时，括号内的文字应与括号前的内容表达同一含义			
	标点符号	应采用中文标点书写格式。句号应采用"。"，不采用"."；范围符号应采用"～"，不采用"—"；连接号应采用"－"，只占半格，写在字间；破折号占两格	—		
	占格	每个标点符号应占一格。各行开始的第一格除引号、括号、省略号和书名号外，不应书写其他标点符号，标点符号可书写在上行行末，但不占一格	—		
	解释	"注"中或公式的"式中"，其中间注释结束后加分号，最后的注释结束后加句号	项、公式中符号的注释、条文中的并列要素，除最末一个项、注释、并列要素文字结束后应用句号外，其余的项、注释、并列要素文字结束后应用分号。款的文字结束应加句号		

4.10.2 易错点

标准编写过程中，经常出现用英文缩写表达文字内容的，不仅给使用者带来不便，往往使使用者产生歧义或无法使用。另外还存在一些标点符号不符合规定的现象。如范围符号应采用"～"，不采用"—"；大于号和小于号的表示；非工程建设类的列项，句尾应用";"，最后一句用"。"等。

4.10.3 案例分析

示例1：

表1 细沟临界坡长参考值			
坡度	$<10°$ $10-15°$ $15-20°$ $>20°$		
细沟临界坡长（m）	<10 $8-6$ $6-4$ <4		

"10-15°" "15-20°" 中 "-" 符号有误；单位表示有误。

表格应封闭，内格线应显示出。

更正：

表1 细沟临界坡长参考值			
坡度	$<10°$	$10°\sim15°$	$15°\sim20°$	$>20°$
细沟临界坡长/m	<10	$8\sim6$	$6\sim4$	<4

示例2：

4.1 资料收集
4.1.1 季节性河流集水区相关资料。包括：
　（1）集水区的范围和面积。
　（2）地形地貌、高程等值线等图件。
　（3）土地利用类型及相应分布范围、面积等。
　（4）水文和气象站网分布，降水、气温、蒸散发，以及径流系数等数据。

列项句尾标点有误；
列项编号有误；
条的位置有误。

更正：

4.1 资料收集
4.1.1 季节性河流集水区相关资料。主要包括以下内容：
　a）集水区的范围和面积；
　b）地形地貌、高程等值线等图件；
　c）土地利用类型及相应分布范围、面积等；
　d）水文和气象站网分布，降水、气温、蒸散发，以及径流系数等数据。

4.11 标准助动词

4.11.1 相关规定

标准助动词是指标准的条文中应采用表示严格程度的标准用词。《工程建设标准编写规定》（建标〔2008〕182号）、SL/T 1—2024《水利技术标准编写规程》、GB/T 1.1—2020《标准化工作导则　第1部分：标准化文件的结构和起草规则》三者对标准助动词的要求略有区别，见表4.10。

表 4.10　　　　　　　　　　　　　　三种标准"助动词"要求对比

分　类		工程建设类		非工程建设类	
		国家标准	水利行业标准	水利行业标准	国家标准
编写依据		《工程建设标准编写规定》	SL/T 1—2024	GB/T 1.1—2020	
标准助动词	要求	必须	必须	—	
		严禁	严禁	—	
		应	应	应	
		不应、不得	不应	不应	
	推荐	宜	宜	宜	
	不推荐/不建议	不宜	不宜	不宜	
	允许	可	可	可	
	可以不/无须	—	—	不必	
	能够/不能够	—	—	能/不能	
	有可能/没有可能	—	—	可能/不可能	

4.11.2　易错点

工程建设类标准和非工程建设类标准对标准助动词使用的严格程度不太一样，工程建设类标准较非工程建设类标准要求更严格些，特别是对于强制性标准，标准助动词用"严禁""必须"的词语。标准助动词关乎标准执行的严格程度。水利标准编写过程中常出现以下错误：

（1）未使用标准助动词，无法掌握要求的程度。

（2）使用不规范，该用"应"的，却使用了"宜"；不该用"应"的，却使用了"应"等。

4.11.3　案例分析

（1）未使用标准助动词。

错误示例1：

> **5.1.1**　全厂总接地网接地电阻和变电站的接触电位差、跨步电位差的测试符合设计要求。

更正：

> **5.1.1**　全厂总接地网接地电阻和变电站的接触电位差、跨步电位差的测试应符合设计要求。

错误示例2：

> **5.5.1**　结合险情预判，确定预警级别，根据已建立警报体系，由警报发布责任单位选择有效的警报手段，及时对下游预警。

更正：

> **5.5.1** 应结合险情预判，确定预警级别，再根据已建立警报体系，由警报发布责任单位选择有效的警报手段，及时对下游预警。

错误示例 3：

> **8.4.1** 监测平台运行支撑环境<u>由</u>硬件设备和系统软件组成，<u>应</u>保障平台稳定运行。硬件设备应配置服务器和计算机设备、存储和网络设备、安全设备及其他设备。

更正：

> **8.4.1** 监测平台运行支撑环境<u>应</u>由硬件设备和系统软件组成，<u>且</u>保障平台稳定运行。硬件设备应配置服务器和计算机设备、存储和网络设备、安全设备及其他设备。

错误示例 4：

> **17.3.2** 对受涉水工程影响的流量站的调整，有条件的宜使受涉水工程影响前后的水文资料连续一致，基本满足站网规划的要求。<u>调整依据为水量平衡原理</u>。

更正：

> **17.3.2** 对受涉水工程影响的流量站的调整，<u>应以水量平衡原理为依据</u>。有条件的宜使受涉水工程影响前后的水文资料连续一致，基本满足站网规划的要求。

（2）标准助动词使用不规范。同一句中，前面用"应"，接着用"并"，表明"并"字后面的内容也属于"应"的要求。"参照"属于建议的内容，标准助动词应用"宜"或"可"。对于工程建设类标准，还需要对照条文说明判断标准助动词使用是否恰当。

错误示例 1：

> **4.2.4** 降水量观测仪器安装应符合下列要求：
> **1** 雨量计应检查确认仪器部件完整无损、功能正常后进行安装。
> **2** 雨量计支架或基础应保证仪器装置牢固和承雨器口水平，遇暴风雨不发生抖动或倾斜。
> **3** 安装完成后，<u>应</u>检查仪器各部件安装是否正确，运转是否正常，量测误差等指标是否符合要求，<u>并参照附录 A 规定填写安装考证表</u>。

更正：

> **4.2.4** 降水量观测仪器安装应符合下列要求：
> **1** 雨量计应检查确认仪器部件完整无损、功能正常后进行安装。
> **2** 雨量计支架或基础应保证仪器装置牢固和承雨器口水平，遇暴风雨不发生抖动或倾斜。
> **3** 安装完成后，应检查仪器各部件安装是否正确，运转是否正常，量测误差等指标是否符合要求，<u>并及时填写安装考证表，安装考证表样可参照附录 A</u>。

错误示例 2：

> **5.4.1** 可采取降低库水位、控制入库洪水等措施，并符合以下规定：
> **1** 根据雨情和水情预报，通过泄放水设施、水泵抽排等措施降低库水位。有入库洪水控制设施时，应与本库泄洪设施联合调度，控制入库洪水。
> **2** 在降低库水位的过程中，应加强巡视和监测。对于土石坝要合理应控制降速和过程。
> **3** 应按规定启用非常溢洪道。仍不能满足要求时，可采取临时开挖泄港通道措施。

> 1）"并"字后面的内容也属于"可"的要求，"规定"属于"应"的内容。前后要求不一致。
> 2）项中有的用标准助动词"应"应遵从"上位严格"的原则。

更正：

> **5.4.1** 应采取降低库水位、控制入库洪水等措施，并符合以下规定：
> **1** 根据雨情和水情预报，通过泄放水设施、水泵抽排等措施降低库水位。有入库洪水控制设施时，应与本库泄洪设施联合调度，控制入库洪水。
> **2** 在降低库水位的过程中，应加强巡视和监测。对于土石坝要合理应控制降速和过程。
> **3** 应按规定启用非常溢洪道。仍不能满足要求时，可采取临时开挖泄港通道措施。

错误示例 3：

> **5.4.5** 小河站的布设可综合考虑以下服务功能：
> a）暴雨山洪灾害易发区，下游有中小城镇防洪目标的河流，应在出山口或中小城镇上游布设小河站；
> b）水资源供需问题的河流，可根据需要在县级以上行政区界处布站；
> c）在小流域的上中游，宜根据水资源、水生态保护，水土保持的需要布设小河站。

> 引出语用的"可"，列项中有"应""可""宜"不符合"上位严格"原则。

更正：

> **5.4.5** 小河站的布设综合考虑以下服务功能：
> a）暴雨山洪灾害易发区，下游有中小城镇防洪目标的河流，应在出山口或中小城镇上游布设小河站；
> b）水资源供需问题的河流，可根据需要在县级以上行政区界处布站；
> c）在小流域的上中游，宜根据水资源、水生态保护，水土保持的需要布设小河站。

错误示例 4：

> **5.3.2** 水文分区内规划设数可按下列方法确定：
> a）用水文流域模型法或水文特征值法进行水文分区的地区，可用分区、分级法决定按下垫面特征指标进行定量分级的面积级可分为 3～6 级，每个面积级宜设 1～2 个代表站。
> b）用统计法或聚类法进行水文分区的地区，可采用卡拉谢夫法、递变率-内插法等方法确定布站数目的上限与下限，再综合考虑需要与可能在上下限之间决定每个分区的站数。决定站网密度下限的年径流特征值内插允许相对误差宜采用 $\pm 5\% \sim \pm 10\%$。决定密度上限的年径流特征值递变率宜采用 $10\% \sim 15\%$。
> c）资料缺少难于进行分析计算的地区，在水文分区内可按流域面积分为 4～7 级，每级设 1～2 个代表站。

> 1）引出语用的"可"；a）中最后一句用的"宜"不符合"上位严格"原则；
> 2）"列项"换行对齐和标点符号有误。

更正：

> **5.3.2** 水文分内规划设站数确定方法如下：
> a) 用水文流域模型法或水文特征值法进行水文分区的地区，可用分区、分级法决定，按下垫面特征指标进行定量分级的面积级可分为 3～6 级，每个面积级宜设 1～2 个代表站；
> b) 用统计法或聚类法进行水文分区的地区，可采用卡拉谢夫法、递变率-内插法等方法确定布站数目的上限与下限，再综合考虑需要与可能在上下限之间决定每个分区的站数。决定站网密度下限的年径流特征值内插允许相对误差宜采用±5%～±10%。决定密度上限的年径流特征值递变率宜采用 10%～15%；
> c) 资料缺少、难于进行分析计算的地区，在水文分区内可按流域面积分为 4～7 级，每级设 1～2 个代表站。

错误示例5：

正文	**3.1.2** 水库工程建设及运行资料宜包含下列内容：
	  1 水库所在流域及控制面积、兴建年代、工程任务、特征水位与相应库容、工程等别和建筑物级别、调度运行方式、水库淤积情况、工程完工竣工资料等。
	  2 上下游已建、在建水利水电工程基本情况资料。
	  ……

条文 说明	**3.1.2** 提出了水库及影响区方面的资料<u>要求</u>，包括……。

> 正文中"项"的引出语用的是"宜"，属于"建议"；而条文说明中解释为"提出的……要求"属于"规定"。前后不一致。

更正：修改正文或修改条文说明：

正文	**3.1.2** 水库工程建设及运行资料应包含下列内容：
	  1 水库所在流域及控制面积、兴建年代、工程任务、特征水位与相应库容、工程等别和建筑物级别、调度运行方式、水库淤积情况、工程完工竣工资料等。
	  2 上下游已建、在建水利水电工程基本情况资料。
	  ……

或：

条文 说明	**3.1.2** 推荐了水库及影响区方面的相关资料，包括……。

错误示例6：

> **5.2.3** 沉沙池断面设计宜为矩形，连接半透水型截水沟的沉沙池在具体设计时应考虑清理维护方便，参考规格为：长 0.5～0.8m，宽 0.5～0.8m，比半透水型截水沟深 0.2～0.3m；连接蓄水池的沉沙池在具体设计时应考虑比连接半透水型截水沟的沉沙池规格略大，参考规格为：长 1～1.5m，宽 0.5～1m，比排水沟深 0.5～0.8m。

更正：

> **5.2.3** 沉沙池断面设计宜为矩形，连接半透水型截水沟的沉沙池在具体设计时应考虑清理维护方便，宜为长 0.5m～0.8m、宽 0.5m～0.8m，比半透水型截水沟深宜为 0.2m～0.3m；连接蓄水池的沉沙池规格宜为长 1m～1.5m、宽 0.5m～1m；比排水沟深为 0.5m～0.8m。

错误示例 7：

> 附录 A 抽水蓄能电站环境影响报告书内容与格式要求
>
> **A.0.1** 抽水蓄能电站环境影响报告书宜按下列内容与格式编写：
>
> 　　概述
>
> 　　　　一、背景情况和项目特点
>
> 　　　　二、环境影响评价工作过程
>
> 　　　　三、分析判定相关情况
>
> 　　　　四、关注的主要环境问题及环境影响
>
> 　　　　五、主要评价结论
>
> 　　1　总则
>
> 　　　　1.1　编制目的
>
> 　　　　1.2　评价原则
>
> 　　　　1.3　编制依据
>
> 　　　　1.4　环境功能区划和评价标准
>
> 　　　　1.5　评价等级和范围
>
> 　　　　1.6　评价水平年
>
> 　　　　1.7　环境影响识别与评价因子筛选
>
> 　　　　1.8　环境保护目标

1)该附录中只有一条，一"条"不成"章"。

2)该标准为工程建设类标准，附录为规范性质，其标题为"要求"，附录A属于规范性，A.0.1 中标准助动词用"宜"不适宜。

3)内容部分易与正文中的章节混淆，应加边框。

更正：

> 附录 A 抽水蓄能电站环境影响报告书内容与格式要求
>
> 　　概述
>
> 　　　　一、背景情况和项目特点
>
> 　　　　二、环境影响评价工作过程
>
> 　　　　三、分析判定相关情况
>
> 　　　　四、关注的主要环境问题及环境影响
>
> 　　　　五、主要评价结论
>
> 　　1　总则
>
> 　　　　1.1　编制目的
>
> 　　　　1.2　评价原则
>
> 　　　　1.3　编制依据
>
> 　　　　1.4　环境功能区划和评价标准
>
> 　　　　1.5　评价等级和范围
>
> 　　　　1.6　评价水平年
>
> 　　　　1.7　环境影响识别与评价因子筛选
>
> 　　　　1.8　环境保护目标

4.12 用　词

4.12.1 相关规定

《工程建设标准编写规定》（建标〔2008〕182 号）、SL/T 1—2024《水利技术标准编写规程》、GB/T 1.1—2020《标准化工作导则　第 1 部分：标准化文件的结构和起草规则》中均对标准助动词的使用进行了严格的规定，同时其他用词也有严格的规定，见表 4.11。

表 4.11　三种标准用词要求对比

分类		工程建设类		非工程建设类	
		国家标准	水利行业标准	水利行业标准	国家标准
编写依据		《工程建设标准编写规定》	SL/T 1—2024	GB/T 1.1—2020	
用词	要求	文字表达应逻辑严谨、简练明确、通俗易懂，不得模棱两可	标准的语言应准确、简明、易懂	需要"人"做到的用"遵守"，需要"物"达到的用"符合"	
	模糊词使用	表示严格程度的用词应恰当，并应符合标准用词说明的规定	不应采用"一般""大约""尽量""原则上""尽可能""力求""左右""基本达到""较多""较大""较长""大量""适量""充分"等模糊词语	"尽可能""尽量""考虑"（"优先考虑""充分考虑"）以及"避免""慎重"等词语不应该与"应"一起使用表示要求，建议与"宜"一起使用表示推荐	
		—		"通常""一般""原则上"不应该与"应""不应"一起使用表示要求，可与"宜""不宜"一起使用表示推荐	
	前提条件表达	—	可使用"当……时，应……""……情况下，应……""只有/仅在……时，才应……""根据……情况，应……""除非……特殊情况，不应……"等典型用语。"必要时""有需要时"不应与"应""不应"等词一起使用。当使用的标准用词严格程度为"应"级及以上，并有前提条件时，前提条件应是清楚、明确的	可使用"……情况下应……""只有/仅在……时，才应……""根据……情况，应……""除非……特殊情况，不应……"等表示有前提条件的要求。前提条件应是清楚、明确的	

4.12.2　易错点

标准编写过程中，用词有严格的要求，文字表达不仅应逻辑严谨、简练明确、通俗易懂，同时要准确，不得模棱两可的词语。常见错误如下：

（1）使用了模糊词，使用者无法掌控严格程度。

（2）用词不当，使得语句累赘拗口。

（3）用词不一致。

（4）用词重复，使得语句不精炼。

（5）语序不当，主次不鲜明。

4.12.3　案例分析

（1）使用模糊词，如"一般应""一定时期内""较好""较高""较大""较少""较好""较差""较深""大约""大致""足够深""一定的"等，在标准实施过程中，模糊词会使使用者便无法掌控使用的"程度"。

错误示例1：

> b）代表片内应避免有湖荡、水库等大水体，封闭线不应切割大的河（渠）道。代表片面积，外来水量<u>较小</u>时，可为 $300km^2 \sim 500km^2$；封闭条件<u>差</u>，外来水量<u>较大</u>时，可扩大到 $1000km^2$ 左右；

更正：

> b）代表片内应避免有湖荡、水库等大水体，封闭线不应切割大的河（渠）道。代表片面积，外来水量占比小于 20% 时，可为 $300km^2 \sim 500km^2$；封闭线有缺口，外来水量占比大于等于 20% 时，可扩大到 $1000km^2$ 左右；

错误示例2：

> **5.4.1**　小河站的布设应能收集小面积暴雨洪水资料，探索产汇流参数在地区上和随下垫面变化的规律，满足水资源配置、水生态修复、水环境治理、水灾害防治等需求。<u>少数位置适中</u>，地表、地下分水岭重叠<u>较好</u>的小河站可发挥区域代表站作用。

更正：

> **5.4.1**　小河站的布设应能收集小面积暴雨洪水资料，探索产汇流参数在地区上和随下垫面变化的规律，满足水资源配置、水生态修复、水环境治理、水灾害防治等需求。所处位置河道布站符合 GB 50179 要求，地表、地下分水岭重叠重合度在 80% 以上的小河站可发挥区域代表站作用。

（2）用词不当。

错误示例1：

> **5.3**　应实行分质用水。使用非常规水源时，应因地制宜，如有需要应经预处理后再进行使用。洗车用水、绿化用水、冲厕用水、空调冷却系统补水等非与人体直接接触的用水应优先选择非常规水源。

更正：

> **5.3** 应实行分质用水。使用非常规水源时，应因地制宜，必要时，应经预处理后再进行使用。洗车用水、绿化用水、冲厕用水、空调冷却系统补水等非与人体直接接触的用水，应优先选择非常规水源。

错误示例 2：

> **5.8** 消防水源应 符合 GB 50974 的要求， 满足 水灭火设施的功能要求。

更正：

> **5.8** 消防水源应符合 GB 50974 规定的水灭火设施功能要求。

错误示例 3：

> **4.2.5** 降水量观测应满足下列要求：
> 　**1** 降水量以 mm 为单位，记录精度至 0.5mm 或 1.0mm。
> 　**2** 采用人工雨量计观测每日 8 时量测降水量，采用自记式雨量计观测应每日 8 时检查观测记录。日降水量以 8 时为日分界限， 即从昨日 8 时至今日 8 时 的降水量为昨日降水量。

更正：

> **4.2.5** 降水量观测应满足下列要求：
> 　**1** 降水量以 mm 为单位，记录精度至 0.5mm 或 1.0mm。
> 　**2** 采用人工雨量计观测每日 8 时量测降水量，采用自记式雨量计观测应每日 8 时检查观测记录。日降水量以 8 时为日分界限，即从观测当日 8 时至第二日 8 时的降水量为观测当日降水量。

错误示例 4：

> | 4　基本参数 ……… | 2 |
> |---|---|
> | 4.1　水电站参数 ……… | 2 |
> | 4.2　主要设备参数 ……… | 3 |
> | 4.3　型号 ……… | 5 |
> | 4.4　选型 ……… | 5 |

该章中并不都是"参数"，还有其他选型规定。章标题用"基本参数"不恰当，改用"基本规定"。

更正：

> | 4　基本规定 ……… | 2 |
> |---|---|
> | 4.1　水电站参数 ……… | 2 |
> | 4.2　主要设备参数 ……… | 3 |
> | 4.3　型号 ……… | 5 |
> | 4.4　选型 ……… | 5 |

（3）用词不一致。

示例：

> **7.2.6**　视频图像数据采集 装置 应满足下列要求：
>
> **1**　视频图像信息采集 设备 接口应与传输系统的接口匹配。
> **2**　采集 设备 对其控制信息的即时响应能力应满足使用要求。

更正：

> **7.2.6**　视频图像数据采集装置应满足下列要求：
>
> **1**　视频图像信息采集装置接口应与传输系统的接口匹配。
> **2**　采集装置对其控制信息的即时响应能力应满足使用要求。

（4）用词重复。

示例1：

> **6.2.4**　应定期对生态流量泄放监测仪器设备进行 检定或校准 。 检定或校准 应按 GB/T 18522.6、SL/T 426 的相关规定执行。

更正：

> **6.2.4**　应按 GB/T 18522.6、SL/T 426 的相关规定定期对生态流量泄放监测仪器设备进行检定或校准。

示例2：

> **6.2.5**　应对生态流量泄放过程 监测数据 与生态保护目标保障效果 监测数据 进行分析，必要时开展生态流量调度效果分析与评价。

更正：

> **6.2.5**　应对生态流量泄放过程和生态保护目标保障效果的监测数据进行分析，必要时开展生态流量调度效果分析与评价。

（5）语序不当。

示例1：

> **7.1.3**　应采取必要的防雷措施保证监测站、监测中心站设施可靠运行，防止从天馈线、电源线和信号线等感应雷电损坏设备。

更正：

> **7.1.3**　应采取必要的防雷措施，防止从天馈线、电源线和信号线等感应雷电损坏设备，保证监测站、监测中心站设施可靠运行。

示例 2：

> **7.1.4** 水库监测站和监测设备应设置监测设施标识牌、警示牌等明显标识。

更正：

> **7.1.4** 水库监测站和监测设备应在明显位置设置监测设施标识牌和警示牌。

4.13　图

4.13.1　相关规定

《工程建设标准编写规定》（建标〔2008〕182 号）、SL/T 1—2024《水利技术标准编写规程》、GB/T 1.1—2020《标准化工作导则　第 1 部分：标准化文件的结构和起草规则》三者对图的编号、图注等的要求有所不同，见表 4.12。

表 4.12　　　　　　　　　　　　三种标准"图"要求对比

类　别		工程建设类		非工程建设类	
		国家标准	水利行业标准	水利行业标准	国家标准
编写依据		《工程建设标准编写规定》	SL/T 1—2024	GB/T 1.1—2020	
图	编号 — 正文	图的编号同条号。如图 7.1.2-1		从 1 开始顺延。如图 1、图 2	
	编号 — 附录	与正文相同。如图 A.1.1-1		加附录的编号，从 1 开始顺延。如图 A.1、图 A.2	
	编号 — 条文说明	阿拉伯数字顺序，从 1 开始。如图 1、图 2		无条文说明	
	图标题位置	图标题在图的下方，图注的上方		图标题在图注的下方	

4.13.2　易错点

工程建设类标准与非工程建设类标准的图标题位置、图标题要求不同，编制过程中经常出现混淆。具体体现在以下方面：

（1）图标题位置与注释或说明错位。

（2）图的编号有误，如"."用"-"。

（3）图中字母无解释说明。

（4）图无标题。

（5）缺分图编号和标题。

4.13.3　案例分析

（1）图标题位置。对于工程建设类国家标准，图标题位置如示例 1 所示，在图的下

87

方，图注的上方；对于非工程建设类国家标准和水利行业标准，图标题位置如示例 2 所示，在图注的下方。在标准编制过程中往往混淆。

示例 1：

> **3** 混凝土、浆砌或灌砌石护坡具有较好的整体性，外表美观，抗波浪能力较强，管理方便，但适应变形能力差，当岸坡发生不均匀沉陷时，砌缝容易出现裂缝。应在堤身土体充分固结，基础沉降已基本完成，且土坡基本稳定后施工。经稳定厚度计算，确定护面厚度。混凝土灌砌石，虽然造价稍高于浆砌石，但是砌筑质量要优于浆砌石，宜用不低于 M10 的水泥砂浆或 C20 混凝土灌砌，并应按第 8.5.3 条的规定设置沉降缝。反滤垫层厚度 30 cm～40 cm，反滤垫层底面可根据需要铺设土工织物或砂。浆砌（混凝土灌砌）块石护坡结构如图 12 所示。
>
>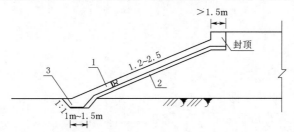
>
> 图 12　浆砌（混凝土灌砌）块石护坡结构示意图
> 1—M7 砂浆或 C15 混凝土灌砌块石，厚 30 cm～40 cm；
> 2—反滤垫层，厚 30 cm～40 cm；3—护脚；4—封顶

示例 2：

> **3** 混凝土、浆砌或灌砌石护坡具有较好的整体性。外表美观，抗波浪能力较强，管理方便。但适应变形能力差，当岸坡发生不均匀沉陷时，砌缝容易出现裂缝。应在堤身土体充分固结，基础沉降已基本完成，且土坡基本稳定后施工，经稳定厚度计算确定护面厚度。混凝土灌砌石，虽然造价稍高于浆砌石，但是砌筑质量要优于浆砌石，宜用不低于 M10 的水泥砂浆或 C20 混凝土灌砌，并应按第 8.5.3 条的规定设置沉降缝。反滤垫层厚度 30 cm～40 cm，反滤垫层底面可根据需要铺设土工织物或砂。浆砌（混凝土灌砌）块石护坡结构如图 12 所示。
>
>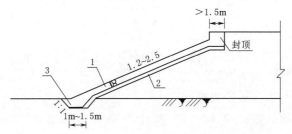
>
> 1—M7 砂浆或 C15 混凝土灌砌块石，厚 30 cm～40 cm；
> 2—反滤垫层，厚 30 cm～40 cm；3—护脚；4—封顶
> 图 12　浆砌（混凝土灌砌）块石护坡结构示意图

（2）图编号。在标准编制过程中，分图的编号往往被忽视，经常出现忘编号或编号有误的现象。

错误示例：

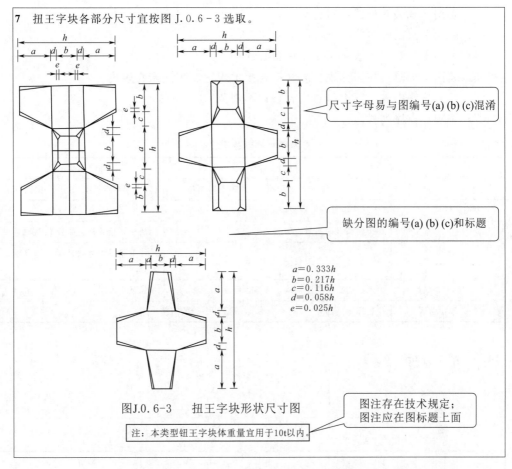

7 扭王字块各部分尺寸宜按图 J.0.6-3 选取。

尺寸字母易与图编号(a)(b)(c)混淆

缺分图的编号(a)(b)(c)和标题

$a=0.333h$
$b=0.217h$
$c=0.116h$
$d=0.058h$
$e=0.025h$

图 J.0.6-3　　扭王字块形状尺寸图

图注存在技术规定；
图注应在图标题上面

注：本类型钮王字块体重量宜用于10t以内。

（3）图注。与条文注和表注一样，用陈述语句对需要说明的部分进行解释，不允许出现技术规定。水利标准不论工程建设类还是非工程建设类，图注应在图的下面、图编号和图标题的上面。

4.14　表

4.14.1　相关规定

《工程建设标准编写规定》（建标〔2008〕182 号）、SL/T 1—2024《水利技术标准编写规程》、GB/T 1.1—2020《标准化工作导则　第 1 部分：标准化文件的结构和起草规则》三者对表的编号、表注、表内单位等要求有所不同，见表 4.13。

4.14.2　易错点

从表 4.13 中可以发现，工程建设类标准与非工程建设类标准表的编号、位置要求不同，编制过程中经常出现混淆。具体体现在以下方面：

（1）表无表名。

（2）表编号和表头格式不符合规定。

（3）表无引出语和表头。

（4）表的编号有误，表中单位不应单独成列。

（5）表注不规范，主要体现在表注存在技术规定、表注未在表内。

（6）条文说明中表头、编号和内容表述不规范。

（7）表中存在序列号。

表 4.13　　　　　　　　　　　　三种标准"表"要求对比

类　别		工程建设类		非工程建设类	
		国家标准	水利行业标准	水利行业标准	国家标准
编写依据		《工程建设标准编写规定》	SL/T 1—2024	GB/T 1.1—2020	
表	编号	正文	表的编号同条号。如表 7.1.2-1	与正文相同。如表 A.1.1-1	从 1 开始顺延。如表 1、表 2
		附录	与正文相同。如表 A.1.1-1	加附录的编号，从 1 开始顺延。如表 A.1、表 A.2	
		条文说明	阿拉伯数字顺序，从 1 开始。如表 1、表 2	无条文说明	
	单位位置		表标题后面	表标题下一行的右侧	

4.14.3　案例分析

（1）表无表名。

错误示例：　　　　　　　　　　　　　更正：

表 A-1　　　　　　　　　　　　　　　表 A-1　表名

尺寸 （mm）	类型		
	A	B	C
××	×	×	×
×	×	—	—

尺寸 （mm）	类型		
	A	B	C
××	×	×	×
×	×	—	—

（2）表编号和表头格式不符合规定。

错误示例 1：　　　　　　　　　　　更正：

表 N.0.4　岩体完整程度划分　　　　表 N.0.4　岩体完整程度划分

组数 间距 cm	1～2	2～3	3～5	＞5 或无序
＞100	完整	完整	较完整	较完整
50～100	完整	较完整	较完整	差
30～50	较完整	较完整	差	较破碎
10～30	较完整	差	较破碎	破碎
＜10	差	较破碎	破碎	破碎

间距/cm	组数			
	1～2	2～3	3～5	＞5 或无序
＞100	完整	完整	较完整	较完整
50～100	完整	较完整	较完整	差
30～50	较完整	较完整	差	较破碎
10～30	较完整	差	较破碎	破碎
＜10	差	较破碎	破碎	破碎

错误示例 2：表头设计有误。

4 环刚度 5000 N/m² 和环刚度 10000 N/m² 的竹复合管在不同工作压力（PN）下设计壁厚应分别符合表 3.1.2-3 和表 3.1.2-4 的规定，内衬层的厚度应大于等于 1.2 mm。

表 3.1.2-3 环刚度 5000 N/m² 竹复合管设计壁厚

单位：mm

壁厚（mm）　　PN（MPa）　DN（mm）	0.2	0.4	0.6	0.8
150	5	5	5	6
200	6	6	6	7
250	8	8	8	9
300	9	9	9	10
400	12	12	12	14

更正：

4 环刚度 5000 N/m² 和环刚度 10000 N/m² 的竹复合管在不同工作压力下设计壁厚应分别符合表 3.1.2-3 和表 3.1.2-4 的规定，内衬层的厚度应大于等于 1.2 mm。

表 3.1.2-3 环刚度 5000 N/m² 竹复合管设计壁厚

公称内径 DN（mm）	工作压力 NP（MPa）			
	0.2	0.4	0.6	0.8
150	5	5	5	6
200	6	6	6	7
250	8	8	8	9
300	9	9	9	10
400	12	12	12	14

（3）表无引用语和表头。

错误示例：

表 E.0.2 沥青混合料制备质量检验项目及要求

沥青	热沥青贮存罐	针入度	满足本规范附录 A 或设计要求	每个工作日检查 1 次
		软化点		
		延度		
		温度	参考本规范 6.2.1 条要求	工作日随时检测
粗细骨料	热料仓	超逊径	满足本规范表 4.2.5 和表 4.2.6	每个工作日检查 1 次
		温度	参考本规范 6.2.1 条要求	工作日随时检测
……				

更正：

E.0.2 沥青混合料制备质量检验项目及要求执行表 E.0.2 的规定。

表 E.0.2 沥青混合料制备质量检验项目及要求

原材料	设备	检验项目	要求	检查频次
沥青	热沥青贮存罐	针入度	满足本规范附录 A 或设计要求	每个工作日检查 1 次
		软化点		
		延度		
		温度	参考本规范 6.2.1 条要求	工作日随时检测
粗细骨料	热料仓	超逊径	满足本规范表 4.2.5 和表 4.2.6	每个工作日检查 1 次
		温度	参考本规范 6.2.1 条要求	工作日随时检测
			……	

（4）表的编号有误，表中单位不宜单独成列。

错误示例：

A.0.3 乳化沥青的技术要求见表 A-3。

表 A-3 乳化沥青技术要求

项 目		单位	品种和技术指标		
			PC-1	PC-2	PC-3
破乳速度		—	快裂	慢裂	快裂或中裂
筛上残留物（1.18 mm 筛）		%	≤0.1	≤0.1	≤0.1
黏度	恩格拉黏度计 E25	—	2～10	1～6	1～6
	道路标准黏度计 C25.3	s	10～25	8～20	8～20
		……			
注：试验方法按照 DL/T 5362 执行					

更正：

A.0.3 乳化沥青的技术要求见表 A.0.3，试验方法执行 DL/T 5362。

表 A.0.3 乳化沥青技术要求

品种和技术指标		PC-1	PC-2	PC-3
破乳速度		快裂	慢裂	快裂或中裂
筛上残留物（1.18 mm 筛）/%		≤0.1	≤0.1	≤0.1
黏度	恩格拉黏度计 E25	2～10	1～6	1～6
	道路标准黏度计 C25.3/s	10～25	8～20	8～20
	……			

或：

表 A.0.3 乳化沥青技术要求

项 目		品种和技术指标		
		PC-1	PC-2	PC-3
破乳速度		快裂	慢裂	快裂或中裂
筛上残留物（1.18 mm 筛）/%		≤0.1	≤0.1	≤0.1
黏度	恩格拉黏度计 E25	2～10	1～6	1～6
	道路标准黏度计 C25.3/s	10～25	8～20	8～20
	……			

（5）表注不规范，主要体现在表注存在技术规定、表注未在表内。

错误示例1：

3　湿陷性黄土地基的湿陷等级，应根据湿陷量的计算值和自重湿陷量的计算值等按表 T.0.4 判定。

表 T.0.4　湿陷性黄土地基的湿陷等级

湿陷类型 Δ_{zs}(mm) Δ_s(mm)	非自重湿陷性场地	自重湿陷性场地	
	$\Delta_{zs}\leqslant 70$	$70<\Delta_{zs}\leqslant 350$	$\Delta_{zs}>350$
$\Delta_s\leqslant 300$	Ⅰ（轻微）	Ⅱ（中等）	—
$300<\Delta_s\leqslant 700$	Ⅱ（中等）	*Ⅱ（中等） 或Ⅲ（严重）	Ⅲ（严重）
$\Delta_s>700$	Ⅱ（中等）	Ⅲ（严重）	Ⅳ（很严重）

注：* 当湿陷量的计算值 $\Delta_s>600$ mm、自重湿陷量的计算值 $\Delta_{zs}>300$ mm 时，可判为Ⅲ级，其他情况可判为Ⅱ级。

> 表头不符合规定。
>
> 1）不符合脚注规定，应删除"注"；
> 2）注中存在技术规定，应移到正文中；
> 3）表中"≤"应用"⩽"。

更正：

3　湿陷性黄土地基的湿陷等级，应根据湿陷量的计算值和自重湿陷量的计算值等按表 T.0.4 判定。当湿陷量的计算值 Δ_s 大于 600 mm、自重湿陷量的计算值 Δ_{zs} 大于 300 mm 时，可判为Ⅲ级，其他情况可判为Ⅱ级。

表 T.0.4　湿陷性黄土地基的湿陷等级

湿陷类型 Δ_{zs}(mm) Δ_s(mm)	非自重湿陷性场地	自重湿陷性场地	
	$\Delta_{zs}\leqslant 70$	$70<\Delta_{zs}\leqslant 350$	$\Delta_{zs}>350$
$\Delta_s\leqslant 300$	Ⅰ（轻微）	Ⅱ（中等）	—
$300<\Delta_s\leqslant 700$	Ⅱ（中等）	Ⅱ（中等） 或Ⅲ（严重）	Ⅲ（严重）
$\Delta_s>700$	Ⅱ（中等）	Ⅲ（严重）	Ⅳ（很严重）

错误示例2：

表 N.0.7　地下洞室围岩详细分类

围岩类别	围岩总评分 T	围岩强度应力比 S
Ⅰ	>85	>4
Ⅱ	$85\geqslant T>65$	>4
Ⅲ	$65\geqslant T>45$	>2
Ⅳ	$45\geqslant T>25$	>2
Ⅴ	$T\leqslant 25$	—

注：Ⅱ、Ⅲ、Ⅳ类围岩，当围岩强度应力比小于本表规定时，围岩类别宜相应降低一级。

> 表中"≥"应为"⩾"。
>
> 注中存在技术规定，应移到正文中。

更正：

表 N.0.7　地下洞室围岩详细分类

围岩类别	围岩总评分 T	围岩强度应力比 S
Ⅰ	＞85	＞4
Ⅱ	85≥T＞65	＞4
Ⅲ	65≥T＞45	＞2
Ⅳ	45≥T＞25	＞2
Ⅴ	T≤25	—

（6）条文说明中表头、编号和内容表述不规范。下面给出的示例为某一工程建设标准的条文说明部分。按《工程建设标准编写规定》，条文部分表的编号应按阿拉伯数字顺序，从 1 开始编制。

错误示例：　　　　　　　　　　　　　　　　　处置意见：

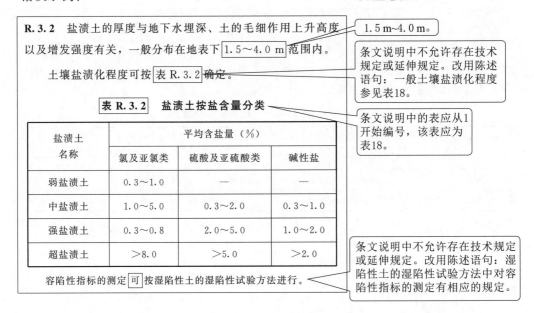

（7）表中存在序列号。

错误示例：

8.1.6.6　制动器与制动轮的安装中，制动器闸瓦中心对制动轮中心线的偏差应符合表 7 的规定。

表 7　制动器闸瓦中心对制动轮中心线的偏差　单位：mm

序号	检测项目	质量要求
1	制动闸瓦中心对制动轮中心的高度位移	≤2.5
2	制动闸瓦中心对制动轮中心的水平位移	≤2.5

"序号"无需规定。

更正：

8.1.6.6 制动器与制动轮的安装中，制动器闸瓦中心对制动轮中心线的偏差应符合表7的规定。

表 7　制动器闸瓦中心对制动轮中心线的偏差　　　单位：mm

检测项目	质量要求
制动闸瓦中心对制动轮中心的高度位移	≤2.5
制动闸瓦中心对制动轮中心的水平位移	≤2.5

4.15　公　式

4.15.1　相关规定

《工程建设标准编写规定》（建标〔2008〕182号）、SL/T 1—2024《水利技术标准编写规程》、GB/T 1.1—2020《标准化工作导则　第1部分：标准化文件的结构和起草规则》三者对公式的编号、公式中字母解释、排版等要求有所不同，见表4.14。

表 4.14　　　　　　　　三种标准"公式"要求对比

类　别			工程建设类		非工程建设类	
			国家标准	水利行业标准	水利行业标准	国家标准
编写依据			《工程建设标准编写规定》	SL/T 1—2024	GB/T 1.1—2020	
公式	编号	要求	公式居中书写，公式编号右侧顶格			
			公式应只给出最后的表达式，不应列出推导过程。数学公式中不应使用计量单位的符号。公式中符号的注释不应出现公式或做其他技术规定。同一符号再次出现时，不应再重复注释		一个文件中同一符号不宜代表不同的量，可用下标区分表示相关概念的符号。数学公式宜避免使用多于一个层次的上标或下标，并避免使用多余两行的表示形式	
		正文	公式的编号同条号，并加圆括号，如公式（7.1.2-1）		从（1）开始顺延，如公式（1）、公式（2）	
		附录	与正文相同，如公式（A.1.1-1）		加附录的编号，从1开始顺延。如公式（A.1）、公式（A.2）	
		条文说明	用阿拉伯数字顺序编号，从（1）开始，如公式（1）、公式（2）		—	
	解释	位置	公式中的符号在公式下方"式中"两字后注释		公式中的符号在公式下方"式中"两字后注释	
		方式	"式中"二字应左起顶格，加冒号后接写需注释的符号。如：式中 W——×××；J——×××。	"式中"二字应左起顶格，空两个字符后接写需注释的符号。如：式中 W——×××；J——×××。	"式中"二字前空两个字符。式中后面加冒号。注释的符号解释部分换行。如：式中 W——×××；J——×××。	
			符号与注释之间应加破折号。当注释内容较多需要换行时，换行后首字应与破折号后首字对齐。每个符号的注释均应另起一行书写，各破折号应对齐			

4.15.2 易错点

从表 4.14 中可以发现，工程建设类标准与非工程建设类标准对公式的编号、位置以及排版格式等要求完全不同，编制过程中出现混淆的情况非常普遍。公式方面常见的错误如下：

(1) 三种标准的公式表示方式经常混淆。

(2) 公式套公式。

(3) 公式编号不规范（公式无编号或编号有误）。

(4) 公式无引出。

(5) 公式解释、排版格式和对齐方式有误。

(6) 同一字母含义不同。

(7) 同一字母多次解释。

4.15.3 案例分析

示例 1 是某非工程建设标准，出现了四处错误：一是出现了公式套公式，列出了推导过程；二是同一符号再次出现时重复注释；三是公式解释中存在技术规定；四是横线未对齐。

示例 1：

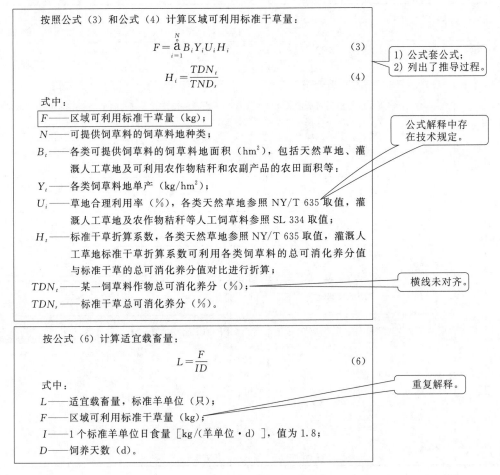

更正：

按照公式（3）计算区域可利用标准干草量：

$$F=\overset{N}{\underset{i=1}{\text{å}}}B_iY_iU_i\frac{TDN_t}{TND_s} \tag{3}$$

式中：

F——区域可利用标准干草量（kg）；

N——可提供饲草料的饲草料地种类；

B_t——各类可提供饲草料的饲草料地面积（hm²），包括天然草地、灌溉人工草地及可利用农作物秸秆和农副产品的农田面积等；

Y_t——各类饲草料地单产（kg/hm²）；

U_i——草地合理利用率（％），各类天然草地参照 NY/T 635 取值，灌溉人工草地及农作物秸秆等人工饲草料参照 SL 334 取值；

TDN_t——某一饲草料作物总可消化养分（％）；

TDN_s——标准干草总可消化养分（％）。

按公式（6）计算适宜载畜量：

$$L=\frac{F}{ID} \tag{6}$$

式中：

L——适宜载畜量，羊单位（只）；

I——1 个羊单位日食量 [kg/（羊单位·d）]，值为 1.8；

D——饲养天数（d）。

示例 2 是某工程建设标准，出现了三处错误：一是出现了公式套公式；二是水利工程建设标准应少用"注"，注的内容不应包含技术规定和要求；三是第 1 款公式引出语句错误。

示例 2：

K.1.2 内部垂直（沉降）位移监测计算应符合下列规定：

1 电磁式（干簧管式）沉降仪

$$\left.\begin{array}{l}L=R+K/1000\\S_i=(H_0-H_i)\times1000\end{array}\right\}H=H_k-L \tag{K.1.2-1}$$

式中 L——环所在的深度，m；

H——环所在的高程，m；

S_i——测点沉降量，mm；

R——测尺读数，m；

K——测尺零点至测头下部感应发声点的距离，mm；

H_k——孔口高程，m；

H_0——测点初始高程，m；

H_i——测点当前高程，m。

注：以孔口高程为基准时，采用水准测量确定管口高程；以孔底高程为基准时，将孔底高程作为不动点。

1) 公式套公式；
2) 水利工程建设标准编写应少用"注"，注的内容不应包含技术规定和要求；
3) "电磁式沉降仪按公式(K.1.2-1)计算"语句有误。

更正：

> **K.1.2**　内部垂直（沉降）位移监测计算应符合下列规定：
> 　　**1**　电磁式（干簧管式）沉降仪，按下列公式计算：
> 　　　　1）环所在的深度按公式（K.1.2-1）计算：
> $$L=R+K/1000 \tag{K.1.2-1}$$
> 式中　L——环所在的深度，m；
> 　　　R——测尺读数，m；
> 　　　K——测尺零点至测头下部感应发声点的距离，mm。
> 　　　　2）测点沉降量按公式（K.1.2-2）计算：
> $$S_i=(H_0-H_i)\times1000 \tag{K.1.2-2}$$
> 式中　S_i——测点沉降量，mm；
> 　　　H_0——测点初始高程，m；
> 　　　H_i——测点当前高程，m。
> 　　　　3）环所在高程按公式（K.1.2-3）计算：
> $$H=H_k-L \tag{K.1.2-3}$$
> 式中　H——环所在高程，m；
> 　　　H_k——孔口高程，m。

示例3是某一工程建设类水利行业标准。出现了四处错误：一是公式无引出语，款以标题的方式出现；二是公式编号有误；三是公式解释中存在技术规定，应移到正文中；四是横线未对齐。

示例3：

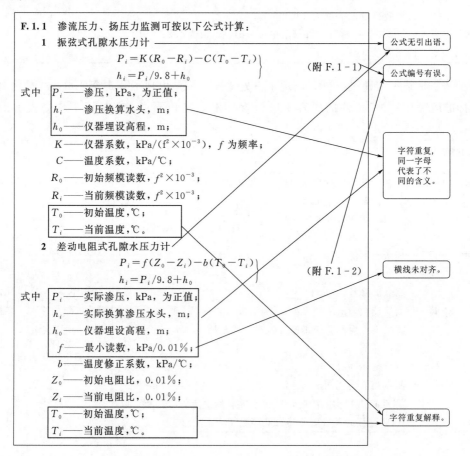

更正：

F.1.1 渗流压力、扬压力监测可按以下公式计算：

　　1 振弦式孔隙水压力计：可按公式（F.1.1-1）和公式（F.1.1-2）计算：

$$P_i = K(R_0 - R_i) - C(T_0 - T_i) \tag{F.1.1-1}$$

$$h_i = P_i/9.8 + h_0 \tag{F.1.1-2}$$

式中　P_i——渗压，kPa，为正值；

　　　h_i——渗压换算水位，m；

　　　h_0——仪器安装高程，m；

　　　K——仪器系数，$kPa/(f^2 \times 10^{-3})$，f 为频率；

　　　C——温度系数，kPa/℃；

　　　R_0——初始频模读数，$f^2 \times 10^{-3}$；

　　　R_i——当前频模读数，$f^2 \times 10^{-3}$；

　　　T_0——初始温度，℃；

　　　T_i——当前温度，℃。

　　2 差动电阻式孔隙水压力计：可按公式（F.1.1-3）和公式（F.1.1-4）计算：

$$P_i = b_0(Z_0 - Z_i) - b(T_0 - T_i) \tag{F.1.1-3}$$

$$h_i = P_i/9.8 + h_0 \tag{F.1.1-4}$$

式中　b_0——最小读数，kPa/0.01%；

　　　b——温度修正系数，kPa/℃；

　　　Z_0——初始电阻比，0.01%；

　　　Z_i——当前电阻比，0.01%。

　　示例 4 是某一工程建设类水利行业标准。出现了两处错误：一是公式引出处的编号有误；二是公式解释部分的引出处"式中"的格式有误。

　　示例 4：

B.1.1 生态水力学法以鱼类对河流水深、流速等水力生境参数及急流、缓流、浅滩、深潭等水力形态指标的要求评估河流生境状况，可用于计算分析各种类型河流的水生生物生态基流。水力生境参数按公式 B.1.1-1 和计算 B.1.1-2：

$$A_1 v_1 = A_2 v_2 \tag{B.1.1-1}$$

$$H_1 + \frac{\alpha_1 v_1^2}{2g} = H_2 + \frac{\alpha_2 v_2^2}{2g} + h_\in \tag{B.1.1-2}$$

式中：A_1——上游过水断面面积（m^2）；

　　　v_1——上游断面平均流速（m/s）；

　　　A_2——下游过水断面面积（m^2）；

　　　v_2——下游断面平均流速（m/s）；

　　　H_1——上游水位（m）；

　　　α_1——上游动能修正系数；

　　　H_2——下游水位（m）；

　　　α_2——下游动能修正系数；

　　　g——重力加速度（m/s^2）；

　　　$h_\in$——水头损失（m）。

更正：

B.1.1 生态水力学法以鱼类对河流水深、流速等水力生境参数及急流、缓流、浅滩、深潭等水力形态指标的要求评估河流生境状况，可用于计算分析各种类型河流的水生生物生态基流。水力生境参数按公式（B.1.1-1）和公式（B.1.1-2）计算：

$$A_1 v_1 = A_2 v_2 \qquad (B.1.1-1)$$

$$H_1 + \frac{\alpha_1 v_1^2}{2g} = H_2 + \frac{\alpha_2 v_2^2}{2g} + h_\in \qquad (B.1.1-2)$$

式中 A_1 —— 上游过水断面面积（m²）；

v_1 —— 上游断面平均流速（m/s）；

A_2 —— 下游过水断面面积（m²）；

v_2 —— 下游断面平均流速（m/s）；

H_1 —— 上游水位（m）；

α_1 —— 上游动能修正系数；

H_2 —— 下游水位（m）；

α_2 —— 下游动能修正系数；

g —— 重力加速度（m/s²）；

$h_\in$ —— 水头损失（m）。

示例 5 是某一工程建设类水利行业标准。出现了五处错误：一是公式无引出语；二是公式套公式；三是引出处"式中"的格式有误；四是解释部分排放位置有误；五是横线未对齐。

示例 5：

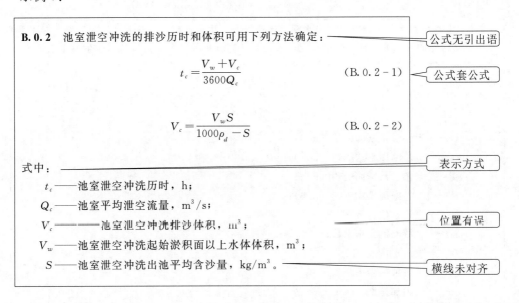

B.0.2 池室泄空冲洗的排沙历时和体积可用下列方法确定：—————— 公式无引出语

$$t_c = \frac{V_w + V_c}{3600 Q_c} \qquad (B.0.2-1)$$ —— 公式套公式

$$V_c = \frac{V_w S}{1000 \rho_d - S} \qquad (B.0.2-2)$$

式中： —————— 表示方式

t_c —— 池室泄空冲洗历时，h；

Q_c —— 池室平均泄空流量，m³/s；

V_c ———— 池室泄空冲洗排沙体积，m³； —— 位置有误

V_w —— 池室泄空冲洗起始淤积面以上水体体积，m³；

S —— 池室泄空冲洗出池平均含沙量，kg/m³。 —— 横线未对齐

更正：

> **B.0.2** 池室泄空冲洗的排沙体积和历时可用下列方法确定。
>   **1** 池室泄空冲洗排沙体积可用公式（B.0.2-1）计算：
> $$V_c = \frac{V_w S}{1000\rho_d - S} \qquad (B.0.2-1)$$
> 式中 V_c——池室泄空冲洗排沙体积，m^3；
> V_w——池室泄空冲洗起始淤积面以上水体体积，m^3；
> S——池室泄空冲洗出池平均含沙量，kg/m^3。
>   **2** 池室泄空冲洗历时可按公式（B.0.2-2）计算：
> $$t_c = \frac{V_w + V_c}{3600 Q_c} \qquad (B.0.2-2)$$
> 式中 t_c——池室泄空冲洗历时，h；
> Q_c——池室平均泄空流量，m^3/s。

示例6：1）两个公式共用1个编号；2）公式编号有误；3）公式解释中字母应采用斜体（非正体）。

> **C.0.2** 根据每天或每个台班拌和站的各盘沥青和矿料称量记录数据 X，按照大致相等的盘数间隔，从中抽取称量记录，作为该天或该台班的子组观测值，按照公式（c.0.1）计算平均值 $\overline{X}$ 和标准差 s。抽取的数目 n，即子组大小，应不大于25。施工期间，各组的数目 n 宜采用相同数值。
> $$\overline{X} = \frac{1}{n}\sum_{i=1}^{n} X_i, \quad S = \sqrt{\frac{1}{n-1}\sum_{i=1}^{n}(X_i - \overline{X})^2} \qquad (c.0.1)$$
> 式中 X_i——子组称量数据值，$i=1,2,\cdots,n$；
> $\overline{X}$——子组称量数据的平均值；
> S——子组称量数据的标准差。

更正：

> **C.0.2** 根据每天或每个台班拌和站的各盘沥青和矿料称量记录数据 X，按照大致相等的盘数间隔，从中抽取称量记录，作为该天或该台班的子组观测值，平均值 $\overline{X}$ 和标准差 s 分别按公式（C.0.2-1）和公式（C.0.2-2）计算。抽取的数目 n，即子组大小，应不大于25。施工期间，各组的数目 n 宜采用相同数值。
> $$\overline{X} = \frac{1}{n}\sum_{i=1}^{n} X_i \qquad (C.0.2-1)$$
> $$S = \sqrt{\frac{1}{n-1}\sum_{i=1}^{n}(X_i - \overline{X})^2} \qquad (C.0.2-2)$$
> 式中 X_i——子组称量数据值，$i=1,2,\cdots,n$；
> $\overline{X}$——子组称量数据的平均值；
> S——子组称量数据的标准差。

示例 7：公式编号有误，公式解释排版有误。

6.8.10　在有条件地区，应对地下水降落漏斗进行水均衡计算。水均衡计算公式为：

$$\mu \Delta V = Q1 - Q2 + W \qquad\qquad （式 7-7）$$

式中，μ 为含水层给水系数（潜水为给水度，承压水为储水系数）；ΔV 为漏斗体积年变化值；$Q1$ 为漏斗边界年流入量；$Q2$ 为漏斗边界年流出量（一般为 0）；W 为年净补给量，即为降水入渗、河道和湖库渗漏补给量、灌溉渠系田间入渗以及越流补给量，减去降水蒸发量、越流排泄量及开采量。深层含水层在 W 中仅有越流补给量、排泄量及开采量。各水均衡项计算参照附录 F 计算方法。

更正：

6.8.10　在有条件地区，可按公式（7）对地下水降落漏斗进行水均衡计算：

$$\mu \Delta V = Q_1 - Q_2 + W \qquad\qquad （7）$$

式中：

　μ——含水层给水系数（潜水为给水度，承压水为储水系数）；

　ΔV——漏斗体积年变化值；

　Q_1——漏斗边界年流入量；

　Q_2——漏斗边界年流出量（一般为 0）；

　W——年净补给量。

年净补给量为降水入渗、河道和湖库渗漏补给量、灌溉渠系田间入渗以及越流补给量，减去潜水蒸发量、越流排泄量及开采量。深层含水层在 W 中仅有越流补给量、排泄量及开采量。

各水均衡项计算参照附录 F 计算方法。

4.16　注

4.16.1　相关规定

标准中的注包括条文注、术语注、图注和图脚注、表注和表脚注。《工程建设标准编写规定》（建标〔2008〕182 号）、SL/T 1—2024《水利技术标准编写规程》、GB/T 1.1—2020《标准化工作导则　第 1 部分：标准化文件的结构和起草规则》三者对注的编号、排版位置等要求有所不同，见表 4.15。

4.16.2　易错点

"注"分类较多，主编往往对条文注、术语注、图注和图脚注、表注和表脚注关注不够。

表 4.15 三种标准"注"要求对比

分类			工程建设类		非工程建设类	
			国家标准	水利行业标准	水利行业标准	国家标准
编写依据			《工程建设标准编写规定》	SL/T 1—2024	GB/T 1.1—2020	
注	要求	总要求	注释内容中不得出现图、表或公式	注中不应出现图、表、公式。注的内容不应包含技术规定和要求	注属于附加信息,"注"用小五号黑体	
		条文注	当条文中有注释时,其内容应纳入条文说明	注应少用。条文注、术语注的内容宜纳入条文说明	条文脚注宜尽可能少	
		表注	可对表的内容作补充说明和补充规定	应给出解释或使用标准某一部分的附加信息	只给出有助于理解或使用文件内容的说明	
		图注	不应对图的内容作规定,仅对图的理解作说明	应给出解释或使用标准某一部分的附加信息	示例中给出解释或使用标准某一部分的附加信息	
		脚注	用"脚注",规定脚注可对条文或表中的内容作解释说明,术语和符号不得采用脚注	脚注应给出解释或使用标准中某一个词或某一个概念的附加信息。术语和符号不应采用脚注	除给出附加信息外,还可以包含要求型条款。编写脚注相关内容时应使用适当的能愿动词或句子语气类型,以明确区分不同的条款类型	
	编号	条文注	应采用 1、2、3、…顺序编号。注的字体应比正文字体小一号	有多个注时,注编号应从"注 1:"开始,即"注 1:""注 2:"等		
		表注	表中只有一个注时,应在注的第一行文字前标明"注:";同一表中有多个注时,应标明"注:1、2、3、…"等			
		图注	—			
		脚注	—	脚注应采用小写拉丁字母按顺序编号,后加冒号	条文脚注编号应从"前言"开始、全文连续,编号形式为后带半圆括号从 1 开始阿拉伯数字,即[1)、2)、3)]等标明脚注。还可以用星号[*、**、***]等代替条文脚注的数字编号。 图或表的脚注应单独编号。需注释的位置插入与图表脚注编号相同的上标形式的小写拉丁字母标明脚注。 从"a"开始的上标形式的小写拉丁字母,即[a、b、c]等	

分　类		工程建设类		非工程建设类	
		国家标准	水利行业标准	水利行业标准	国家标准
编写依据		《工程建设标准编写规定》	SL/T 1—2024	GB/T 1.1—2020	
注	位置 · 条文注	"注"的排列格式应另起一行列于所属条文下方，左起空两字书写，在"注"字后加冒号，接写注释内容。每条注释换行书写时，应与上行注释的首字对齐	应采用阿拉伯数字按顺序编号。只有一个注时应只标明"注"字，后加冒号	只有一个注时，在注的第一行内容之前标明"注"	
	条文注	可在条文的下方列出	可在条文的下方列出。 条文注应左起空四个字符，换行后首字应与注的内容的首字对齐	条文注宜置于所涉及的章、条或段之下。 条文脚注置置于相关页左下方的细实线之下	
	条文脚注	应标注在所需注释内容的右上角	脚注的标识符号应标注在所需注释内容的右上角	需注释的文字或符号之后插入脚注编号相同的上标形式的数字[1)]、[2)]、[3)] 等标明脚注。还可用一个或多个星号，即 *、**、*** 代替条文脚注的数字编号	
	表注	表注应列于表格下方，采用"注"与其他注释区分	表注和表脚注的内容应列在表的下方。表注和表脚注应左起空两个字符，换行后首字应与表注或表脚注的内容的首字对齐。在同一表中，当表注和表脚注同时存在时，应表注在先，表脚注在后	置于表内下方、表脚注之上	
	表脚注	—		表脚注应置置于表内的最下方，并紧跟表中的注。 从"a"开始的上标形式的小写拉丁字母，即[a]、[b]、[c] 等	
	图注	图注列于图名的下方	图注和图脚注的内容应列在图的下方。图注和图脚注应左起空两个字符，换行后首字应与图注或图脚注的内容的首字对齐。在同一图中，当图注和图脚注同时存在时，应图注在先，图脚注在后	置于图题和图脚注之上	
	图脚注	—		图脚注应置置于图标题之上，并紧跟图中的注	

使用时不知何时、何处使用不同的"注"。对"注"的作用和要求认识不够，经常出现以下错误：

（1）存在技术规定。

（2）位置有误。

（3）编号有误。

（4）条文中存在解释的内容。

（5）对齐方式有误。

（6）条款中存在解释内容。

4.16.3 案例分析

（1）表注中存在技术规定。将技术规定移到正文中。

错误示例1：

5.3.2 应根据表1中的依据，确定小型水电站生态流量确定的工作等级。

表1 小型水电站生态流量确定工作等级判定表

工作等级		分区及生态环境敏感程度
一级	Ⅰ类区	工程影响范围内存在立法保护的水生野生动植物 工程影响范围内存在列入国家及地方名录的水生态敏感区
二级	Ⅱ类区	工程影响范围内存在除列入国家及地方名录以外的其他水生态敏感区
三级	Ⅲ类区	工程影响范围内无特殊生态保护对象

注1：立法保护的水生野生动植物是指依据国家及地方法律法规等确定的重要保护型生物，如《国家重点保护野生动物名录》中规定的一级、二级保护水生动物、《国家重点保护野生植物名录》中规定的一级、二级保护植物；

注2：水生态敏感区是指国家及省级行政区为保护生态环境而划定的各种自然保护地，如重要生态功能区、国家公园、自然保护区、风景名胜区、重要水源涵养区、珍稀物种栖息地、水产种质资源保护区、重要湿地、饮用水水源地保护区、地质公园等；

注3：其他水生态敏感区是指河道内对流量大小及过程有一定需求的生态敏感区域，如水生生物的重要产卵场、索饵场、越冬场、洄游通道、河谷林草区、河漫滩湿地、河口湿地等；

注4：当小型水电站影响范围内存在因基本自净能力不足影响水体水质达标的情况时，生态流量确定工作等级应不低于二级。

> 注4中存在技术规定，应移到正文中。

更正：

5.3.2 应依据表1确定小型水电站生态流量确定的工作等级。当小型水电站影响范围内存在因基本自净能力不足影响水体水质达标的情况时，生态流量确定工作等级应不低于二级。

表1 小型水电站生态流量确定工作等级判定表

工作等级		分区及生态环境敏感程度
一级	Ⅰ类区	工程影响范围内存在立法保护的水生野生动植物 工程影响范围内存在列入国家及地方名录的水生态敏感区
二级	Ⅱ类区	工程影响范围内存在除列入国家及地方名录以外的其他水生态敏感区
三级	Ⅲ类区	工程影响范围内无特殊生态保护对象

注1：立法保护的水生野生动植物是指依据国家及地方法律法规等确定的重要保护型生物，如《国家重点保护野生动物名录》中规定的一级、二级保护水生动物、《国家重点保护野生植物名录》中规定的一级、二级保护植物；

注2：水生态敏感区是指国家及省级行政区为保护生态环境而划定的各种自然保护地，如重要生态功能区、国家公园、自然保护区、风景名胜区、重要水源涵养区、珍稀物种栖息地、水产种质资源保护区、重要湿地、饮用水水源地保护区、地质公园等；

注3：其他水生态敏感区是指河道内对流量大小及过程有一定需求的生态敏感区域，如水生生物的重要产卵场、索饵场、越冬场、洄游通道、河谷林草区、河漫滩湿地、河口湿地等。

错误示例 2：

> **6.2.2** 宜分析天然水文情势对维持河湖生态系统原真性和完整性的生态学意义，以及对河湖生态系统演变的驱动机制。
>
> 注：原真性指河湖生态系统大部分保持近自然荒野状态或者需恢复到特定历史状态的属性，分析方法可参考 GB/T 39737 和 SL/T 793。完整性指河湖生态系统生态功能赖以正常发挥的组成要素与生态过程完整，分析方法可参考 SL/T 793 和《长江流域水生生物完整性指数评价办法》（农长渔发〔2021〕3 号）。

"注"中不允许存在技术规定，需用陈述语句介绍。

更正：

> **6.2.2** 宜分析天然水文情势对维持河湖生态系统原真性和完整性的生态学意义，以及对河湖生态系统演变的驱动机制。
>
> 注：原真性指河湖生态系统大部分保持近自然荒野状态或者需恢复到特定历史状态的属性，GB/T 39737 和 SL/T 793 规定了相关分析方法。完整性指河湖生态系统生态功能赖以正常发挥的组成要素与生态过程完整，SL/T 793 和《长江流域水生生物完整性指数评价办法》（农长渔发〔2021〕3 号）中规定了相关分析方法。

（2）注的位置有误，应放在表内。

错误示例 1：

附录 A（资料性附录）站网评价指标

指标类别	指标项
站网密度指标	水文站网综合密度
	流量站密度
	水（潮）位站密度
	降水量站密度
	水面蒸发站密度
	地下水站密度
	水生态站（断面）密度
	水质站（断面）密度
	墒情站密度
站网布局指标	大江大河和重要支流水文监测覆盖率（%）
	$200 \text{ km}^2 \sim 3000 \text{ km}^2$ 中小河流水文监测覆盖率（%）
	中小水库水文监测覆盖率（%）
	重要江河湖库水质监测覆盖率（%）
	重要省际河流省界断面水资源监测覆盖率（%）
	河流地市界断面水文监测覆盖率（%）
	河流县界断面水文监测覆盖率（%）
	受水利工程严重影响的水文站数量和比例（处/%）
监测能力指标	水文要素（流量、泥沙等）自动监测率（%）
	测站巡测比例（%）
	省级水质实验室检测指标覆盖率（%）
	重大突发水事件水文应急监测响应时效（h）
	实时信息汇集到各级指挥机构历时（min）
	地市级行政区划水文巡测基地建设覆盖率（%）
	地市级行政区划水质监测中心建设覆盖率（%）
	县（区）级水文监测机构（含中心站）建设覆盖率（%）

注：根据水文站网规划、各级相关规划和其他相关文件资料等，根据实际情况逐条分析并列

附录编号和标题应居中。

表注应在表格内。

更正：

附录 A
（资料性）
站网评价指标

表 A.1 站网评价指标

指标类别	指标项
站网密度指标	水文站网综合密度
	流量站密度
	水（潮）位站密度
	降水量站密度
	水面蒸发站密度
	地下水站密度
	水生态站（断面）密度
	水质站（断面）密度
	墒情站密度
站网布局指标	大江大河和重要支流水文监测覆盖率（%）
	200～3000 km² 中小河流水文监测覆盖率（%）
	中小水库水文监测覆盖率（%）
	重要江河湖库水质监测覆盖率（%）
	重要省际河流省界断面水资源监测覆盖率（%）
	河流地市界断面水文监测覆盖率（%）
	河流县界断面水文监测覆盖率（%）
	受水利工程严重影响的水文站数量和比例（处/%）
监测能力指标	水文要素（流量、泥沙等）自动监测率（%）
	测站巡测比例（%）
	省级水质实验室检测指标覆盖率（%）
	重大突发水事件水文应急监测响应时效（h）
	实时信息汇集到各级指挥机构历时（min）
	地市级行政区划水文巡测基地建设覆盖率（%）
	地市级行政区划水质监测中心建设覆盖率（%）
	县（区）级水文监测机构（含中心站）建设覆盖率（%）
注：根据水文站网规划、各级相关规划和其他相关文件资料等，根据实际情况逐条分析并列。	

错误示例 2：条号、表的编号、标注位置等有误。注中存在技术规定。

10.0.6 地下水水位基本站布设密度应符合表 10.0.6－1、10.0.6－2 的规定。

表 10.0.6－1 基本类型区地下水水位基本站布设密度（站/10^3 km^2）

<table>
<tr><th colspan="3">基本类型区名称</th><th rowspan="2">监测站布设形式</th><th colspan="3">开发利用程度分区</th><th rowspan="2">备 注</th></tr>
<tr><th>一级</th><th>二级</th><th>三级</th><th>弱</th><th>中等</th><th>强</th></tr>
<tr><td rowspan="13">平原区</td><td rowspan="4">冲、洪、湖、积平原区</td><td>山前冲、洪、湖、积倾斜平原区</td><td rowspan="6">全面布设</td><td>2～7</td><td>7～12</td><td>12～18</td><td rowspan="14">地下水开发利用程度，用开采系数（K_c）表示，即开采量与可开采量之比。地下水开发利用程度可划分为 4 级：
1. 弱开采区：$K_c<0.3$；
2. 中等开采区：$K_c=0.3\sim0.7$；
3. 强开采区：$K_c=0.7\sim1.0$；
4. 超采区：$K_c>1$；
其中，超采区在特殊类型区基本监测站布设密度表中</td></tr>
<tr><td>冲积平原区</td><td>2～7</td><td>7～12</td><td>12～18</td></tr>
<tr><td>滨海平原区</td><td>3～7</td><td>7～12</td><td>12～18</td></tr>
<tr><td>湖积平原区</td><td>2～4</td><td>4～8</td><td>8～15</td></tr>
<tr><td rowspan="2">山间平原区</td><td>山间盆地区</td><td>3～8</td><td>8～12</td><td>12～18</td></tr>
<tr><td>山间河谷平原区</td><td>4～8</td><td>8～12</td><td>12～18</td></tr>
<tr><td rowspan="3">内陆盆地平原区</td><td>山前倾斜平原区</td><td rowspan="7">选择典型区布设</td><td>2～5</td><td>5～10</td><td>10～16</td></tr>
<tr><td>冲积平原区</td><td>1～4</td><td>4～8</td><td>8～15</td></tr>
<tr><td>河谷区</td><td>1～4</td><td>4～8</td><td>8～15</td></tr>
<tr><td rowspan="2">黄土高原区</td><td>黄土台塬区</td><td>1～4</td><td>4～8</td><td>8～15</td></tr>
<tr><td>黄土梁峁区</td><td>2～5</td><td>5～10</td><td>10～16</td></tr>
<tr><td rowspan="2">荒漠区</td><td>绿洲区</td><td>3～5</td><td>5～10</td><td>10～18</td></tr>
<tr><td>河谷区</td><td>2～5</td><td>5～10</td><td>10～16</td></tr>
<tr><td>山丘区</td><td>一般基岩山区</td><td>裂隙区</td><td>选择典型代表区布设</td><td>2～4</td><td>4～8</td><td>8～10</td></tr>
</table>

表注的位置有误。

存在技术规定，调至正文中。

更正：

10.3.2 地下水水位基本站布设密度应符合表3、表4的规定。地下水开发利用程度可划分为4级：

    a) 弱开采区：$K_c<0.3$；

    b) 中等开采区：$K_c=0.3\sim0.7$；

    c) 强开采区：$K_c=0.7\sim1.0$；

    d) 超采区：$K_c>1$。

表3 基本类型区地下水水位基本站布设密度

单位：站/10^3 km^2

基本类型区名称			监测站布设形式	开发利用程度分区		
一级	二级	三级		弱	中等	强
平原区	冲、洪、湖、积平原区	山前冲、洪、湖、积倾斜平原区	全面布设	2～7	7～12	12～18
		冲积平原区		2～7	7～12	12～18
		滨海平原区		3～7	7～12	12～18
		湖积平原区		2～4	4～8	8～15
	山间平原区	山间盆地区		3～8	8～12	12～18
		山间河谷平原区		4～8	8～12	12～18
	内陆盆地平原区	山前倾斜平原区	选择典型区布设	2～5	5～10	10～16
		冲积平原区		1～4	4～8	8～15
		河谷区		1～4	4～8	8～15
	黄土高原区	黄土台塬区		1～4	4～8	8～15
		黄土梁峁区		2～5	5～10	10～16
	荒漠区	绿洲区		3～5	5～10	10～16
		河谷区		2～5	5～10	10～16
山丘区	一般基岩山区	裂隙区	选择典型代表区布设	2～4	4～8	8～10
		脉状断裂区		3～6	6～8	8～12
	岩溶山区	裸露岩溶区		1～2	2～4	4～8
		隐伏岩溶区		2～3	3～6	6～10
	丘陵区	基岩丘陵区		1～2	2～4	4～8
		红层丘陵区		1～2	2～4	4～8
		黄土丘陵区		1～2	2～4	4～8

注：地下水开发利用程度，用开采系数（K_c）表示，即开采量与可开采量之比。

（3）注的编号、位置有误：

错误示例1：

表2.1.4-1 工程分等指标

工程等别	工程规模	水库总库容（10^3 m^3）	防洪			治涝	灌溉	供水		发电
			保护人口（10^4 人）	保护农田面积（10^4 亩）	保护区当量经济规模（10^4 人）	治涝面积（10^4 亩）	灌溉面积（10^4 亩）	供水对象重要性	年引水量（10^2 m^3）	发电装机容量（MW）
Ⅳ	小（1）型	<0.10,≥0.01	<20,≥5	<30,≥5	<40,≥10	<15,≥3	<5,≥0.5	一般	<1,≥0.3	<50,≥10
Ⅴ	小（2）型	<0.01,≥0.001	<5	<5	<10	<3	<0.5		<0.3	<10

注：

1. 水库总库容指水库最高水位以下的静库容；治涝面积指设计治涝面积；灌溉面积指设计灌溉面积；年引水量指供水工程渠管多年平均引（取）水量。

2. 保护区当量经济规模指标仅限于城市（镇）保护区；防洪、供水中的多项指标满足1项即可。

错误示例2：

表 2.1.4 - 1 工程分等指标

| 工程等别 | 工程规模 | 水库总库容 ($10^3 m^3$) | 防洪 | | | 治涝 | 灌溉 | 供水 | | 发电 |
			保护人口 (10^4 人)	保护农田面积 (10^4 亩)	保护区当量经济规模 (10^4 人)	治涝面积 (10^4 亩)	灌溉面积 (10^4 亩)	供水对象重要性	年引水量 ($10^4 m^3$)	发电装机容量 (MW)
Ⅳ	小（1）型	<0.10, $\geqslant 0.01$	<20, $\geqslant 5$	<30, $\geqslant 5$	<40, $\geqslant 10$	<15, $\geqslant 3$	<5, $\geqslant 0.5$	一般	<1, $\geqslant 0.3$	<50, $\geqslant 10$
Ⅴ	小（2）型	<0.01, $\geqslant 0.001$	<5	<5	<10	<3	<0.5		<0.3	<10

注1：水库总库容指水库最高水位以下的静库容；治涝面积指设计治涝面积；灌溉面积指设计灌溉面积；年引水量指供水工程渠管多年平均引（取）水量。

注2：保护区当量经济规模指标仅限于城市（镇）保护区；防洪、供水中的多项指标满足1项即可。

更正：

表 2.1.4 - 1 工程分等指标

| 工程等别 | 工程规模 | 水库总库容 ($10^3 m^3$) | 防洪 | | | 治涝 | 灌溉 | 供水 | | 发电 |
			保护人口 (10^4 人)	保护农田面积 (10^4 亩)	保护区当量经济规模 (10^4 人)	治涝面积 (10^4 亩)	灌溉面积 (10^4 亩)	供水对象重要性	年引水量 ($10^4 m^3$)	发电装机容量 (MW)
Ⅳ	小（1）型	<0.10, $\geqslant 0.01$	<20, $\geqslant 5$	<30, $\geqslant 5$	<40, $\geqslant 10$	<15, $\geqslant 3$	<5, $\geqslant 0.5$	一般	<1, $\geqslant 0.3$	<50, $\geqslant 10$
Ⅴ	小（2）型	<0.01, $\geqslant 0.001$	<5	<5	<10	<3	<0.5		<0.3	<10

注1：水库总库容指水库最高水位以下的静库容；治涝面积指设计治涝面积；灌溉面积指设计灌溉面积；年引水量指供水工程渠管多年平均引（取）水量。

注2：保护区当量经济规模指标仅限于城市（镇）保护区；防洪、供水中的多项指标满足1项即可。

（4）条款中存在解释内容。若工程建设类标准，解释部分应调到"条文说明"中；若非工程建设类标准，应改为"条注"。

示例：

7.1.2 箱式水电站水轮机与发电机主轴找正工作已经在出厂前完成，设备运抵现场后，只需进行复查即可，对机组进行微调，相关要求参照 NB/T 42041。

说明语句改为"注"。

更正：

7.1.2 设备运抵现场后应进行复查，对机组进行微调，相关要求参照 NB/T 42041。

注：箱式水电站水轮机与发电机主轴找正工作已经在出厂前完成。

4.17　数　值　和　单　位

4.17.1　相关规定

数字与量、单位及其符号在标准中出现较多，数值和计量单位若不准确使用，会使技术参数和指标发生重大错误。数字的用法不仅应遵守 GB/T 15835《出版物上数字的用法》，同时还应遵守《工程建设标准编写规定》、SL/T 1—2024 以及 GB/T 1.1—2020 中相应的规定。三种标准对"数值和单位"的规定见表 4.16。

表 4.16　　　　　　　三种标准"数值和单位"要求对比

分　类		工　程　建　设　类		非工程建设类	
		国家标准	水利行业标准	水利行业标准	国家标准
编写依据		《工程项目建设标准编写规定》	SL/T 1—2024	GB/T 1.1—2020	
数字	数和数值	应采用正体阿拉伯数字。但在叙述性文字段中，表达非物理量的数字为一至九时，可采用中文数字书写。例如："三力作用于一点"	应采用阿拉伯数字，但在叙述性文字段中表示非物理量小于等于九的数字应采用汉字，大于九的数字应采用阿拉伯数字。示例1：三力作用于一点	表示物理量的数值，应使用后跟法定计量单位符号的阿拉伯数字	
		当书写的数值小于 1 时，必须写出前定位的"0"。小数点应采用圆点。例如：0.001。书写四位和四位以上的数字，应采用三位分节法。例如：10,000	纯小数应写出小数点前定位的"0"	数字的用法应遵守 GB/T 15835 的规定	
		分数、百分数和比例数的书写，应采用数学符号表示。例如：四分之三、百分之三十四和一比三点五，应分别写成 3/4、34％和 1:3.5	分数、百分数和比例数应采用数学符号表示	—	
		—	表示量的数值，应反映出所需要的精确度。数值的有效位数应全部写出	—	

分 类		工 程 建 设 类		非工程建设类	
		国家标准	水利行业标准	水利行业标准	国家标准
编写依据		《工程项目建设标准编写规定》	SL/T 1—2024	GB/T 1.1—2020	
数字	数和数值	—	数值相乘应采用"×"，不应采用"·"	符号叉（×）应该用于表示以小数形式写作的数和数值的乘积、向量积和笛卡尔积。 符号居中圆点（·）应该用于表示向量的无向积和类似的情况，还可用于表示标量的乘积以及组合单位。 在一些情况下，乘号可省略。GB/T 3102.11 给出了数字乘法符号的概览	
		带有长度单位的数值相乘，应按下列方式书写： 外形尺寸 $l \times b \times h$（mm）：240×120×60，或 240mm×120mm×60mm，不应写成 240×120×60mm	带有长度计量单位的数值相乘，应采用下列示例中的正确书写方法。 示例： 正确书写 80 mm × 250 mm × 500 mm 不正确书写 80×250×500 mm 80×250×500 mm³	尺寸应以无歧义的方式表示。 示例：80 mm×25 mm×50 mm 不写成 80×250×500 mm 或（80 × 250 × 500）mm	
		当多位数的数值需采用 10 的幂次方式表达时，有效位数中的"0"必须全部写出。例如：100 000 这个数，若已明确其有效位数是三位，则应写成 100×10^3，若有效位数是一位则应写成 1×10^5。 多位数数值不应断开换行、换页	当多位数的数值需采用乘以 $10n$（n 为整数）的写法表示时，有效位数中的"0"全部写出	—	
		—	表示平面角的度、分和秒的单位符号应在数值之后；其他单位符号前均应空一个字符的间隙	表示平面角的度、分和秒的单位符号应紧跟数值之后；所有其他单位符号前均应空四分之一汉字的间隙。 平面角宜用单位度（°）表示，例如，写作 17.25°	

续表

分　类		工　程　建　设　类		非工程建设类	
		国家标准	水利行业标准	水利行业标准	国家标准
编写依据		《工程项目建设标准编写规定》	SL/T 1—2024	GB/T 1.1—2020	
数字	尺寸和公差	带有表示偏差范围的数值应按下列示例书写： 20℃±2℃ 或（20±2）℃，不应写成 20±2℃； 20℃$^{+2}_{-1}$℃，不应写成 20$^{+2}_{-1}$℃； 0.65±0.05，不应写成 0.65±.05； 50$^{+2}_{0}$mm，不应写成 50$^{+2}_{0}$mm； （55±4）%，不应写成 55±4% 或 55%±4%	带有表示偏差范围的数值应以无歧义的方式表示	公差应以无歧义的方式表示。通常适用最大值、最小值、带有公差的值或量的范围值表示。 示例 1：80μF＋2μF 或（80±2）μF（不写作 80±2μF） 示例 2：80$^{+2}_{0}$mm（不写作 80$^{+2}_{0}$mm） 示例 3：80mm$^{+50}_{-25}\mu$F 示例 4：10kPa～12kPa（不写作 10～12kPa） 示例 5：0℃～10℃（不写作 0～10℃） 百分率的公差应以正确的数学形式表示。 示例 1：用"63%～67%"表示范围。 示例 2：用"（65±2）%"表示带有公差的值（不写作"65±2%"或"65%±2%"的形式）。	
		标准中标明量的数值，应反映出所需的精确度。数值的有效位数应全部写出。例如：级差为 0.25 的数列，数列中的每一个数均应精确到小数点后第二位	在叙述性文字段中，表示绝对值相等的偏差范围时，应采用"最大允许偏差为"的用词，不应采用"允许偏差不大于""允许偏差不超过"等用词	—	
		表示参数范围的数值，应按下列方式书写： 10N～15N 或（10～15）N，不应写成 10～15N； 10%～12%，不应写成 10～20%； 1.1×10⁵～1.3×10⁵，不应写成 1.1～1.3×10⁵； 18°～36°30′，不应写成 18～36°30′； 18°30′～18°30′，不应写成 ±18°±30′	表示参数范围的数值应采用浪纹式连接号"～"，前后计量单位应写出，应采用下列示例中的正确书写方法	—	
量、单位及其符号		标准中的物理量和有数值的单位应采用符号表示，不应使用中文、外文单词（或缩略词）代替	计量单位的用法应符合 GB 3100、GB 3101、GB 3102 以及 SL 2 的规定	应从 GB/T 3101、GB/T 3102（所有部分）、ISO80000（所有部分）和 IEC80000（所有部分）以及 GB/T 14559、IEC 60027（所有部分）中选择并符合其规定。进一步的适用规定见 GB 3100	
		在标准中应正确使用符号。 单位的符号应采用正体字母。 物理量的主体符号应采用斜字母，上角标、下角标应采用正体字母，其中代表序数的 i、j 为斜体，代号应采用正体字母	标准中表示量的符号应采用斜体字母，表示计量单位的符号应采用正体字母。符号的上标、下标应采用正体字母，其中代表序数的 i、j 等为斜体字母	表示变量的符号应该用斜体表示，其他符号应该用整体表示	

续表

分类	工程建设类		非工程建设类	
	国家标准	水利行业标准	水利行业标准	国家标准
编写依据	《工程项目建设标准编写规定》	SL/T 1—2024	GB/T 1.1—2020	
量、单位及其符号	当标准条文中列有同一计量单位的系列数值时，可仅在最末一个数值后写出计量单位的符号。例如：10、12、14、16 MPa	在标准中表示量值时，应标明其计量单位	—	
	符号代表特定的概念，代号代表特定的事项。在条文叙述中，不得使用符号代替文字说明	在叙述性文字段中，应采用下列示例中的正确书写方法。 示例： 正确书写 钢筋每米重量 混凝土 12 万立方米 测量结果以百分数表示 搭接长度应大于等于 12 倍板厚 搭接长度应小于等于 12 倍板厚 不正确书写 钢筋每 m 重量 混凝土 12 万 m^3 测量结果以％表示 搭接长度应≥12 倍板厚 搭接长度应≤12 倍板厚	—	

4.17.2 易错点

SL/T 1 和 GB/T 1.1 中对数值和单位之间的规定：除表示平面角的度、分和秒的单位符号应在数值之后外，其他单位符号前均应空一个字符的间隙，这样有利于将数值和单位分别显现出来。但在《工程项目建设标准编写规定》中未加规定，在很多工程建设标准中数值和单位间是紧连在一起的。区别点也是易错点。经常在以下方面出现错误：

（1）数字与单位间的空格。

（2）叙述性文字段中非物理量表示。

（3）叙述性文字段中单位的写法。

（4）大于九的数字表示方式。

（5）小数点的用法。

（6）分数、百分数和比例数。

（7）乘号表示，应采用"×"，不应采用"·"。

（8）带有计量单位的数值相乘。

（9）多位数的数值表示。

（10）偏差范围表示。

（11）绝对值相等的偏差范围。

（12）参数范围的数值。

（13）货币的数字表示。

4.17.3　案例分析

（1）数字与单位间的空格。

错误示例 1：

> **8.3.7**　应在 1g 条件下对爆炸系统进行测试。

除表示平面角的度、分和秒的单位符号应紧跟数值之后，所有其他单位符号前均应空四分之一汉字的间隙。

更正：

> **8.3.7**　应在 1 g 条件下对爆炸系统进行测试。

错误示例 2：

> **5.4.1**　工作环境温度：−10℃～+50℃。

更正：

> **5.4.1**　工作环境温度：−10 ℃～+50 ℃。

（2）叙述性文字段中非物理量表示。

错误示例：

> a）3 边平行于主轴。

> b）四边形中有二边大于 5 mm。

正确：

> a）三边平行于主轴。

> b）四边形中有 2 个边大于 5 mm。

（3）叙述性文字段中单位的写法。

不正确书写：

钢筋每 m 重量

测量结果以％表示

搭接长度应≥12 倍板厚

搭接长度应≤12 倍板厚

正确书写：

钢筋每米重量

测量结果以百分数表示

搭接长度应大于等于 12 倍板厚

搭接长度应小于等于 12 倍板厚

错误示例 1：

> **5.2.1**　排水沟和沉沙池防御暴雨标准宜采取 10a 一遇 24 小时最大降雨量，具体设计可参考 GB/T 16453.4。

条的编号位置有误　数值与单位使用不统一。

更正：

> **5.2.1**　排水沟和沉沙池防御暴雨标准宜采取 10 a 一遇 24 h 最大降雨量，具体设计可参考 GB/T 16453.4。

错误示例 2：

> **1**　采集模块配置通道数应满足安全监测需要，采样时间巡测时小于 5分钟，单点采集时小于 10s/点，单通道数据存储容量不少于 400 测次。

数字与单位的使用不统一。

更正：

> **1** 采集模块配置通道数满足安全监测需要，采样时间巡测时小于 5 min，单点采集时间间隔小于 10 s，单通道数据存储容量不少于 400 测次。

（4）大于九的数字表示方式。

错误示例：

> **5.3.3** 抽取二十个钢闸门进行压力试验。

更正：

> **5.3.3** 抽取 20 个钢闸门进行压力试验。

（5）小数点的用法。

错误示例：

表 A.1 ××××的方法检出限和测定下限		
实验室号	检出限（mg/L）	测定下限（mg/L）
1	.12	.48
2	.13	.52
3	.12	.48
4	.13	.52
5	.13	.52
6	.13	.52

正确：

表 A.1 ××××的方法检出限和测定下限		
实验室号	检出限（mg/L）	测定下限（mg/L）
1	0.12	0.48
2	0.13	0.52
3	0.12	0.48
4	0.13	0.52
5	0.13	0.52
6	0.13	0.52

（6）分数、百分数和比例数。

不正确书写	正确书写
四分之三	3/4
百分之三十四点三	34.3％
一比三点五	1∶3.5

错误示例：

> **5.4** 硫酸溶液（1＋3）：在玻璃棒不断搅拌下，用量筒称取 100 mL 硫酸（H_2SO_4）（5.3），沿杯壁缓慢加入到 300 mL 水中。立即滴入高锰酸钾标准溶液（5.8），直至溶液出现粉红色。

正确：

> **5.4** 硫酸溶液（1∶3）：在玻璃棒不断搅拌下，用量筒称取 100 mL 硫酸（H_2SO_4）（5.3），沿杯壁缓慢加入到 300 mL 水中。立即滴入高锰酸钾标准溶液（5.8），直至溶液出现粉红色。

（7）乘号表示，应采用"×"，不应采用"·"。

示例：不正确书写　　　　　　　正确书写

　　　　15·15·30　　　　　　15×15×30

（8）带有计量单位的数值相乘。

示例：不正确书写　　　　　　　　　　　　正确书写

$80 \times 250 \times 500 \ \text{mm}$ 　　　　　　　　$80 \ \text{mm} \times 250 \ \text{mm} \times 500 \ \text{mm}$

$80 \times 250 \times 500 \ \text{mm}^3$

（9）多位数的数值表示。

示例：100 000，若有效位数要求取三位。

不正确书写　　　　　　　　　　　　　　　正确书写

1×10^5 　　　　　　　　　　　　　　　100×10^3

（10）偏差范围表示。

不正确书写　　　　　　　　　　　　　　　正确书写

$80 \pm 2 \ \mu\text{F}$ 　　　　　　　　　　　　　$80 \ \mu\text{F} \pm 2 \ \mu\text{F}$

$20 \pm 2 \ \text{℃}$ 　　　　　　　　　　　　　$20 \ \text{℃} \pm 2 \ \text{℃}$

$65 \pm 2\%$ 　　　　　　　　　　　　　　　$(65 \pm 2)\%$ 或 $65\% \pm 2\%$ 或 $63\% \sim 67\%$

$20^{+2}_{-0} \ \text{mm}$ 　　　　　　　　　　　　$20^{+2}_{-0} \ \text{mm}$

$20 \ \text{℃}^{+2}_{-1}$ 　　　　　　　　　　　　$20^{+2}_{-1} \ \text{℃}$

（11）绝对值相等的偏差范围。

不正确书写　　　　　　　　　　　　　　　正确书写

尺寸的允许偏差不大于 $\pm 2 \ \text{mm}$

尺寸的允许偏差不超于 $\pm 2 \ \text{mm}$ 　　　　尺寸的最大允许偏差为 $\pm 2 \ \text{mm}$

（12）参数范围的数值。

不正确书写　　　　　　　　　　　　　　　正确书写

$3 \sim 5 \ \text{mm}$ 或 $3 - 5\text{mm}$ 　　　　　　　$3 \ \text{mm} \sim 5 \ \text{mm}$

$10 \sim 15\%$ 　　　　　　　　　　　　　　$10\% \sim 15\%$

$1.1 \sim 1.3 \times 10^5$ 　　　　　　　　　　$1.1 \times 10^5 \sim 1.3 \times 10^5$

$18 \sim 36°30'$ 　　　　　　　　　　　　　$18° \sim 36°30'$

$\pm 18° \pm 30'$ 　　　　　　　　　　　　　$-18°30' \sim 18°30'$

（13）货币的数字表示。

不正确书写　　　　　　　　　　　　　　　正确书写

6—8 万　　　　　　　　　　　　　　　　6 万元 $\sim$ 8 万元

4.18　引　导　语

4.18.1　相关规定

不论工程建设类标准还是非工程建设类标准，在编写过程中，条款若要细分、体现出层次、内容归属等，就要使用引导语，起到承上启下的作用。《工程建设标准编写规定》（建标〔2008〕182 号）、SL/T 1—2024《水利技术标准编写规程》、GB/T 1.1—2020《标准化工作导则　第 1 部分：标准化文件的结构和起草规则》对引导语的使用要求略有不同，见表 4.17。

表 4.17　　　　　　　　　　　三种标准"引导语"要求对比

分类		工程建设类		非工程建设类	
		国家标准	水利行业标准	水利行业标准	国家标准
编写依据		《工程项目建设标准编写规定》	SL/T 1—2024	GB/T 1.1—2020	
引导语	引用标准	无引导语	"本标准主要引用下列标准:"	下列文件中的内容通过文中的规范性引用而构成本文件必不可少的条款。其中,注日期的引用文件,仅该日期对应的版本适用于本文件;不注日期的引用文件,其最新版本(包括所有的修改单)适用于本文件	
	术语	无引导语	"下列术语及其定义适用于本标准"或"××××(标准编号)界定的以及下列术语及其定义适用于本标准"		
	符号	无引导语	"下列符号适用于本文件""下列缩略语适用于本文件""下列符号和缩略语适用于本文件"		
	标准引用	—	应采用"符合×.×.×条的规定""按×.×.×条×款×项的规定执行"等典型用语	典型用语示例: ——不注日期引用: "……按照 GB/T ×××××确定的……" "……符合 GB/T ×××××(所有部分)中的规定。 ——注日期引用: "……按照 GB/T ×××××—2011 描述的……"(注日期引用其他文件) "……履行 GB/T ×××××—2009 第 5 章确立的程序……"(注日期引用其他文件中具体的章) "……按照 GB/T ×××××.1—2011 中 5.2 规定的……"(注日期引用其他文件中具体的节) "遵守 GB/T ×××××.1—2015 中 4.1 第二段规定的要求……"(注日期引用其他文件中具体的段) "……符合 GB/T ×××××.1—2013 中 6.3 列项的第二项规定……"(注日期引用其他文件中具体的列项) "……使用 GB/T ×××××.1—2012 表 1 中界定的符号……"(注日期引用其他文件中具体的表)	
	条文引用	应采用"符合本标准(规范、规程)第*.*.*条的规定"或"按本标准(规范、规程)第*.*.*条的规定采用"等典型用语	"符合下列规定:""遵循下列原则:""执行下列要求:""规定如下:""包括下列内容:""采用下列方法:"等典型用语	——规范性引用: "……按……""……按照……""……应符合……的规定""……应遵守……的规定" ——资料性引用: "……见……""GB/T ×××××……给出了……"	
	表	应采用"按本标准(规范、规程)表*.*.*的规定取值"等典型用语	应采用"按表×.×.×的规定取值。""应符合表×.×.×的规定。"等典型用语	示例: "……的技术特性应符合表×该处的特性值" "……的相关信息见表×"	
	图	无典型用语的规定	应采用"(见图×.×.×)""与图×.×.×相符合。"等典型用语	示例: "……的结构应与图×相符合""……的循环过程见图×"	

分类	工程建设类		非工程建设类	
	国家标准	水利行业标准	水利行业标准	国家标准
编写依据	《工程项目建设标准编写规定》	SL/T 1—2024	GB/T 1.1—2020	
引导语 公式	应采用"按本标准（规范、规程）公式（*.*.*）计算"等典型用语	应采用"按公式（×.×.×）计算："等典型用语	"按公式（×）进行计算："	
引导语 数值	描述偏差范围时，应采用"允许偏差为"的典型用语	表示绝对值相等的偏差范围时，应采用"最大允许偏差为"的用词，不应采用"允许偏差不大于""允许偏差不超过"等用词	—	
引导语 附录	—	宜采用"……应符合附录×的规定""……应执行附录×的规定""……应按附录×的规定执行""……应符合附录×中×.×.×条的规定""……见附录×"等表述形式	规范性附录：使用"……应符合附录×的规定""……按附录×的规定……"等典型用语；资料性附录：使用"……相关示例见附录×"等典型用语	

4.18.2 易错点

在标准编制过程中，引导语与引出的内容的性质有关，引出的内容类型不同引出方式不同。另外对于规范性和资料性的引出，用语也有所同。常见错误如下：

（1）缺引导语。

（2）引导语中的助动词使用有误。

（3）有固定格式要求的典型用语，未按要求书写。

4.18.3 案例分析

（1）工程建设类的"款""项"、非工程建设类的"列项"缺引出语。

示例1：

6.8 电气设备

6.8.1 厂内组装

1 电气设备组装应符合 GB 50171 和 GB 50254 的规定。

2 电气元器件的型号、规格应符合设计要求并具有合格证明书；电气元器件在电气盘、柜内布置应整齐、美观、固定牢固、密封良好、便于拆卸，端子排的安装、接线等应符合 GB 50171 的规定。

> 1）"6.8.1厂内组装"属于"标题条"，工程建设类水利行业标准不允许设"标题条"；
> 2）"款"缺引导语(引出语)。

更正：

> **6.8 电气设备**
>
> **6.8.1** 厂内组装应符合下列规定：
>
>   **1** 电气设备组装符合 GB 50171 和 GB 50254 的规定。
>
>   **2** 电气元器件的型号、规格应符合设计要求并具有合格证明书；电气元器件在电气盘、柜内布置应整齐、美观、固定牢固、密封良好、便于拆卸，端子排的安装、接线等应符合 GB 50171 的规定。

示例 2：

> **16.4.2** 根据评价范围、重点、深度、指标，开展站网评价工作。
>
>   a）站网目标评价，根据水文站网规划、各级相关规划和其他相关文件资料等，根据实际情况逐条分析。
>
>   b）站网密度评价，合理的站网密度取决于水文要素在地理上变化的急剧程度、国民经济的发展水平、设站的自然地理条件和投资费用等因素。水文站网密度分析评价的基础标准可遵循世界气象组织推荐的容许最稀站网密度。
>
> ……

    1）非工程建设标准的列项缺引出语；
    2）引出语未使用标准助动词；
    3）列项换行文字未对齐；
    4）列项句尾标点符号有误

更正：

> **16.4.2** 根据评价范围、重点、深度、指标，开展以下站网评价工作：
>
>   a）站网目标评价，可根据水文站网规划、各级相关规划和其他相关文件资料等，根据实际情况逐条分析；
>
>   b）站网密度评价，合理的站网密度取决于水文要素在地理上变化的急剧程度、国民经济的发展水平、设站的自然地理条件和投资费用等因素。水文站网密度分析评价的基础标准可遵循世界气象组织推荐的容许最稀站网密度；
>
> ……

（2）引导语中的助动词使用有误。

示例 1：

> **5.4.5** 小河站的布设可综合考虑以下服务功能：
>
>   a）暴雨山洪灾害易发区，下游有中小城镇防洪目标的河流，应在出山口或中小城镇上游布设小河站；
>
>   b）水资源供需问题的河流，可根据需要在县级以上行政区界处布站；
>
>   c）在小流域的上中游，宜根据水资源、水生态保护，水土保持的需要布设小河站。

    引出语用的"可"，列项中有"应""可""宜"，不符合"上位严格"原则。

更正：

> **5.4.5** 小河站的布设综合考虑以下服务功能：
>
>   a）暴雨山洪灾害易发区，下游有中小城镇防洪目标的河流，应在出山口或中小城镇上游布设小河站；
>
>   b）水资源供需问题的河流，可根据需要在县级以上行政区界处布站；
>
>   c）在小流域的上中游，宜根据水资源、水生态保护，水土保持的需要布设小河站。

示例2：

> **4.2.4** 降水量观测仪器安装应符合下列要求：
>
> **1** 雨量计应检查确认仪器部件完整无损、功能正常后进行安装。
>
> **2** 雨量计支架或基础应保证仪器装置牢固和承雨器口水平，遇暴风雨不发生抖动或倾斜。
>
> **3** 安装完成后，<u>应</u>检查仪器各部件安装是否正确，运转是否正常，量测误差等指标是否符合要求，并<u>参照附录A规定填写安装考证表</u>。

"填写安装考证表"用"应"，属于规定；"安装考证表"属于表样，属于资料性，"参照"与"应"一同使用不合适。

更正：

> **4.2.4** 降水量观测仪器安装要求如下：
>
> **1** 雨量计应检查确认仪器部件完整无损、功能正常后进行安装。
>
> **2** 雨量计支架或基础应保证仪器装置牢固和承雨器口水平，遇暴风雨不发生抖动或倾斜。
>
> **3** 安装完成后，应检查仪器各部件安装是否正确，运转是否正常，量测误差等指标是否符合要求，并及时填写安装考证表，安装考证表样可参照附录A。

（3）有固定格式要求的典型用语，未按要求书写。

示例：

> **2 规范性引用文件**
>
> 下列文件对于本文件的应用是必不可少的。凡是注日期的引用文件，仅注日期的版本适用于本文件。凡是不注日期的引用文件，其最新版本（包括所有的修改单）适用于本标准。
>
> SL 300—2013 水利风景区评价标准

引出语应采用GB/T 1.1—2020中给出的典型用语。

更正：

> **2 规范性引用文件**
>
> 下列文件中的内容通过文中的规范性引用而构成本文件必不可少的条款，其中，注日期的引用文件，仅该日期对应的版本适用于本文件；不注日期的引用文件，其最新版本（包括所有的修改单）适用于本文件。
>
> SL 300—2013 水利风景区评价标准

4.19 附 录

4.19.1 相关规定

标准中的附录在《工程建设标准编写规定》（建标〔2008〕182号）、SL/T 1—2024《水利技术标准编写规程》、GB/T 1.1—2020《标准化工作导则 第1部分：标准化文件的结构和起草规则》中有不同的效力,其编号、排版位置等要求也有所不同,见表4.18。

表 4.18　　　　　　　　　　　三种标准"附录"要求对比

分类		工程建设类		非工程建设类	
		国家标准	水利行业标准	水利行业标准	国家标准
编写依据		《工程建设标准编写规定》	SL/T 1—2024	GB/T 1.1—2020	
附录	性质	不标附录的性质,均为规范性附录		应标明附录的性质:规范性附录或资料性附录	
	效力	具有与正文同等的效力,并应在正文中被引出		规范性附录:正文的补充或附加条款,以及下列文件提及的附录: a)任何文件中,由要求型条款或指示型条款指明的。 b)规范标准中,由"按"或"按照"指明试验方法的。 c)指南标准中,由推荐型条款指明的 资料性附录:有助于理解或使用文件的附加信息	
	编号	编号应采用由A开始的正体大写拉丁字母,不应采用"I""O""X"三个字母。如附录A、附录B等		编号应采用由A开始的正体大写拉丁字母,如附录A、附录B等。 在特性段中,不应使用字母"I"和"O",以免与数字"1"和"0"相混	
	位置	正文之后,条文说明之前		正文之后,参考文献之前	
	要求			不准许设置"范围""规范性引用文件""术语和定义"等内容	
	章节编号	规则与正文相同。加附录的编号,从1开始顺延,如A.1、A.2			
	章位置	居中,一行:章编号+标题名		居中,分为三行,第一行:章的编号;第二行附录性质;第三行附录的标题名	
	节位置	居中,节的编号+标题名		无	
	条位置	顶格靠左		顶格靠左	

4.19.2 易错点

　　工程建设类标准与非工程建设类标准的附录区别较大,工程建设类标准的附录均属于规范性质,附录的性质不会出现错误,而非工程建设类标准的附录分为规范性和资料性两种,经常会出现附录性质的错误,同时其引出时的用词用语也因附录性质的不同而不同。如附录A为资料性附录,在正文引出处,就应避免使用"……应执行附录A的规定"或"应按照附录A执行"等引出语。其他常见错误如下:

　　(1) 附录性质有误。

　　(2) 附录在正文中缺引出(找不到出处)。

　　(3) 附录在正文中引出未按英文字母出现的先后次序排序,如附录B在附录A前出现、附录 C 在附录 A 前出现。

（4）有的按节分别引出，但未引用全，如 A.1、A.2、A.3、A.4 中只引出了 A.1、A.4，A.2、A.3 未出现。

（5）在分别引出时，出现的次序有误，如 A.3、A.4 排在附录 B 的后面。

4.19.3　案例分析

示例 1 为非工程类的水利行业标准。主要错误体现在：一是附录的性质有误，记录表样属于资料性附录；二是资料性附录的引出语有误，不应使用"×××应按照……规定×××"；三是记录表格缺表的编号和标题。

示例 1：

5.2.1　校验前检查

通用要求、环境要求的检查结果应符合×××的规定，一般要求的检查结果应符合本文件 4.1 的规定。校验记录表应按照本文件附录 B 的规定编制。

1）"表"应为"表样"；
2）"表样"属于"资料性"附录；
3）标准助动词由"应"改为"可"。

附录 B
（规范性）

性质有误。

容量筒校验记录表

附录标题有误。

缺表编号和标题。

仪器名称		规格型号			
生产厂家		出厂日期			
出厂编号		校验依据			
校验器具	名称	规格型号	计量编号	有效期	
校验前检查	检查项目	检查内容			检查结果
	通用要求	资料、铭牌或标识、外观缺陷			
	环境要求	校验环境条件：温度_____相对湿度_____			
	一般要求	筒体、标定容积标识			
性能校验	校验项目	测值与计算			结果评定
		测次	1 2 3 4		
	内径误差	测值/mm			
		误差/mm			
		最大误差/mm			
	内深误差	内深测值/mm			
		误差			
		最大误差/mm			
	筒底厚度	对应的外高测值/mm			
		厚度/mm			
	筒壁厚度	测值/mm			
校验结论					

校验：_____　校核：_____　日期：_____

更正：

5.2.1　校验前检查

通用要求，环境要求的检查结果应符合×××的规定，一般要求的检查结果符合本文件
4.1的规定。校验记录表可参照本文件附录B编制。

附录B

（资料性）

容量筒校验记录表样

表 B.1　容量筒校验记录表

仪器名称			规格型号				
生产厂家			出厂日期				
出厂编号			校验依据				
校验器具	名称		规格型号		计量编号		有效期
校验前检查	检查项目	检查内容					检查结果
	通用要求	资料、铭牌或标识、外观缺陷					
	环境要求	校验环境条件：温度_____相对湿度_____					
	一般要求	筒体、标定容积标识					
性能校验	校验项目	测值与计算					结果评定
		测次	1	2	3	4	
	内径误差	测值/mm					
		误差/mm					
		最大误差/mm					
	内深误差	内深测值/mm					
		误差					
		最大误差/mm					
	筒底厚度	对应的外高测值/mm					
		厚度/mm					
	筒壁厚度	测值/mm					
校验结论							

校验：_____　　校核：_____　　日期：_____

示例 2 为工程建设类水利行业标准。主要错误体现在：一是附录及标题的位置有误，应居中；二是不应设标题条；三是列项缺引出语；四是数字与单位之间缺空格。

示例 2：

> **附录 A　危险性较大的工程范围**
>
> **A.0.1　基坑工程**
>
> 　1　开挖深度 3m 及以上基坑（槽）的土方开挖、支护、降水工程。
>
> 　2　开挖深度虽未超过 3m，但地质条件、周围环境和地下管线复杂，或影响毗邻建、构筑物安全的基坑（槽）的土方开挖、支护、降水工程。

> 1）附录位置有误；
> 2）条不应设标题；
> 3）列项缺引出语；
> 4）数字与单位之间应有空格。

更正：

> **附录 A　危险性较大的工程范围**
>
> A.0.1　基坑工程应符合下列规定：
>
> 　1　开挖深度 3 m 及以上基坑（槽）的土方开挖、支护、降水工程。
>
> 　2　开挖深度虽未超过 3 m，但地质条件、周围环境和地下管线复杂，或影响毗邻建、构筑物安全的基坑（槽）的土方开挖、支护、降水工程。

示例 3：

> **1.0.5**　土石坝的安全监测，应根据工程等级、规模、结构型式及其地形、地质条件和地理环境等因素，设置必要的监测项目及其相应设施，定期进行系统的监测。各类监测项目及其设置，详见附录 A 表 A.1 及其有关说明。
>
> 　近坝岸坡和地下洞室稳定监测，可根据本标准 4.6 节、4.7 节、5.6 节、5.7 节等的规定和工程具体情况选设专项。有关地震反应监测和泄水建筑物水力学观测的内容和要求，详见附录 F 和附录 G。

> 1）附录应按其在正文中出现的先后顺序依次排排。
> 2）附录F、附录G应改为附录B、附录C。

更正：

> **1.0.5**　土石坝的安全监测，应根据工程等级、规模、结构型式及其地形、地质条件和地理环境等因素，设置必要的监测项目及其相应设施，定期进行系统的监测。各类监测项目及其设置，应按附录 A 执行。近坝岸坡和地下洞室稳定监测，可根据本标准 4.6、4.7、5.6、5.7 等的规定和工程具体情况选设专项。有关地震反应监测和泄水建筑物水力学观测的内容和要求，应执行附录 B 和附录 C。

示例 4：

1) 缺附录 B 及其标题；
2) 表的编号有误；
3) 缺表的引出

附录 B.1 堤防工程险情报表

填报时间：　　　　填报人：　　　　签发：（公章）

堤防名称	所在地点	所在河流
管理单位	堤防级别	警戒水位
堤顶高程	堤防高度	保证水位
断面情况	护坡及堤基处理情况	出险时间
出险位置	险情范围	险情类型
险情等级	河道水位	河道流量

险情描述：

1. 雨情、水情。
2. 设计标准与险情具体情况。
3. 堤防工程决口可能的影响范围、人口及重要基础设施情况。
4. 抢险情况：
　(1) 抢险组织情况
　　抢险组织、指挥、受威胁地区群众转移方案
　(2) 抢险措施及方案
　　抢险物资、器材、队伍和人员情况、已采取的措施及抢险方案。
　(3) 进展情况
5. 存在的主要问题与困难。
6. 现场联系人及联系方式。

附录 B.2 穿堤建筑物险情报表

填报时间：　　　　填报人：　　　　签发：（公章）

堤防名称	所在地点	所在河流
管理单位	堤防级别	警戒水位
堤顶高程	堤防高度	保证水位
穿堤建筑物布置	穿堤建筑物类型	出险时间
险情类型	出险位置	险情范围
险情特征	河道水位	河道流量

险情描述：

1. 雨情、水情。
2. 设计标准与险情具体情况。
3. 堤防工程决口可能的影响范围、人口及重要基础设施情况。
4. 抢险情况：
　(1) 抢险组织情况
　　抢险组织、指挥、受威胁地区群众转移方案
　(2) 抢险措施及方案
　　抢险物资、器材、队伍和人员情况、已采取的措施及抢险方案。
　(3) 进展情况
5. 存在的主要问题与困难。
6. 现场联系人及联系方式。

更正：

附录 B 险情报表表样

B.0.1 堤防工程险情报表表样见表 B-1。
B.0.2 穿堤建筑物险情报表表样见表 B-2。

表 B-1 堤防工程险情报表

填报时间：　　　　填报人：　　　　签发：（公章）

堤防名称		所在地点		所在河流	
管理单位		堤防级别		警戒水位	
堤顶高程		堤防高度		保证水位	
断面情况		护坡及堤基处理情况		出险时间	
出险位置		险情范围		险情类型	
险情等级		河道水位		河道流量	

险情描述：
1. 雨情、水情。
2. 设计标准与险情具体情况。
3. 堤防工程决口可能的影响范围、人口及重要基础设施情况等。
4. 抢险情况：
抢险组织、指挥、受威胁地区群众转移方案
（1）抢险组织、指挥、受威胁地区群众转移情况。
（2）抢险措施及方案
抢险物资、器材、队伍和人员情况、已采取的措施及抢险方案。
（3）进展情况
5. 存在的主要问题与困难。
6. 现场联系人及联系方式。

表 B-2 穿堤建筑物险情报表

填报时间：　　　　填报人：　　　　签发：（公章）

堤防名称		所在地点		所在河流	
管理单位		堤防级别		警戒水位	
堤顶高程		堤防高度		保证水位	
穿堤建筑物布置		穿堤建筑物类型		出险时间	
险情类型		出险位置		险情范围	
险情特征		河道水位		河道流量	

险情描述：
1. 雨情、水情。
2. 设计标准与险情具体情况。
3. 堤防工程决口可能的影响范围、人口及重要基础设施情况等。
4. 抢险情况：
抢险组织、指挥、受威胁地区群众转移方案
（1）抢险组织、指挥、受威胁地区群众转移情况。
（2）抢险措施及方案
抢险物资、器材、队伍和人员情况、已采取的措施及抢险方案。
（3）进展情况
5. 存在的主要问题与困难。
6. 现场联系人及联系方式。

4.20 条 文 说 明

4.20.1 相关规定

在《工程建设标准编写规定》(建标〔2008〕182号)、SL/T 1—2024《水利技术标准编写规程》中,为了便于理解和使用,要求编制条文说明,其要求大致相同。GB/T 1.1—2020《标准化工作导则 第1部分:标准化文件的结构和起草规则》无条文说明,详见表4.19。

4.20.2 易错点

在工程建设类标准中,条文说明被附在标准正文的后面。经常出现以下的错误:

(1) 条文说明的目次位置被列在"条文说明"前面。

(2) 条文说明中存在技术规定或延伸规定。

(3) 修订的条款,在条文说明中未体现或未说明。

(4) 条文说明中的公式编号和表述不符合规定。

(5) 条文说明中图的编号及位置不符合规定。

表 4.19　　　　　　　　　　三种标准"条文说明"要求对比

分 类		工程建设类		非工程建设类	
		国家标准	水利行业标准	水利行业标准	国家标准
编写依据		《工程建设标准编写规定》	SL/T 1—2024	GB/T 1.1—2020	
条文说明	要求	应解释说明条文制定的目的、主要依据、强度、预期效果和执行条文的注意事项,不应对条文内容做补充性规定或加以延伸。必要时可增加工程实例		无需条文说明	
	效力	与标准正文部分和附录部分具有同等效力			
	用词用语	应使用陈述性语言,不应使用"应""宜""可"等标准用词			
	关注点	不应写入有损公平、公正原则的内容,如单位名称、产品名称、产品型号、人员名单等			
	修订标准	应说明包括标准名称变更、标准制修订变化等重大事项,修改的必要性及修改的依据。未修改的条文宜保留原条文说明,也可依据需要重新进行说明			

4.20.3　案例分析

（1）条文说明的目次位置有误，应放在条文说明中。

错误示例：　　　　　　　　　　　　更正：

（2）条文说明中存在技术规定或对正文部分做了延伸规定。出现"应……""不应……""×××取值应为……""必须严格执行……""不得……""禁止……"等句型。

示例：

> **4.1.2** 除无调节能力或发电调度可满足下游河道生态流量的坝后式及河床式水电站外，水电站均应设置生态流量泄放设施。尚未设置生态流量泄放设施的，应结合电站枢纽布置情况，改建或增设生态流量泄放设施。

正文

> **4.1.2** 生态流量泄放设施 应 包括兼用泄放设施和专用泄放设施。水电站引水、泄水、冲沙、放空等永久设施有改造条件的，可改建为生态流量泄放的兼用泄放设施。改造现有设施一般较新增生态流量专用泄放设施经济，主要改造方式如下：
> ——改造引水系统应……
> ——改造泄洪闸应……
> ——改造溢洪道闸门应……
> ——改造大坝放空设施应……
> ——设置生态基荷或采用反调节调度，可利用现有机组发电进行泄流。

条文说明

> 条文内容作了补充性规定或加以延伸
>
> 用词不妥，建议改为：一般包括……
>
> 对正文内容做出了延伸规定（移至正文）

（3）修订条款在条文说明中未体现或未说明。以 SL 430—2008 中第 3 章修订过程中条文说明部分出现的问题为例，修订后的内容较 SL 430—2008 版的章节内容变化较大，修订前只有 3 条，修订后变为 4 节 12 条。在条文说明中未明示出修订情况，对每一条修改的必要性及修改的依据未加以说明。若不对照 SL 430—2008 版标准，在条文说明中看不出增加了哪些内容，修改了哪些内容，使该标准历次版本条款的具体变化以及发展沿革历史无法追溯，不利于该标准的后续发展。

示例：

SL 430—2008 原文

> ### 3 工程建设的必要性和任务
>
> **3.0.1** 调水工程的必要性论证应包括以下主要内容：
> **1** 分析调入区水资源开发利用现状、用水结构和节水水平等。
> **2** 分析调入区国民经济和社会发展对水资源的需求。
> **3** 分析水资源短缺对国民经济发展的制约作用以及生态环境状况与水资源的关系。
> **4** 叙述流域综合规划和水资源规划对调水工程的安排。
>
> **3.0.2** 应根据相关流域的规划成果，以及水资源开发状况和用水发展趋势，考虑现有的技术经济条件，论述调水的可能性。
>
> **3.0.3** 应根据调水工程必要性论述和调水的紧迫性要求，考虑技术经济等因素论述工程任务，并结合工程分期实施安排，提出分期任务。

SL 430—2008修订后正文

3　调水工程建设必要性和任务

3.1　调水工程建设依据

3.1.1　应以已批复的流域、区域综合规划、水资源规划为主要依据。

3.1.2　应综合考虑已批复的涉及调入区、调出区经济社会发展规划的相关要求。

3.2　调水工程建设必要性

3.2.1　必要性论证应按照"确有需要、生态安全、可以持续"的原则，围绕工程开发任务，从受水区缺水存在问题、经济社会发展对水资源的迫切需求和调出区具备调水条件等方面逐项展开论述。

3.2.2　应根据国家和省级主体功能区规划、城市总体规划等相关经济社会发展规划，说明调入区在区域经济社会发展中的地位和作用，并结合水资源供需分析成果，综合分析调入区经济社会发展对水资源的需求。

3.2.3　应从区域水资源特点、现状供用水量及结构、节约用水水平等方面，分析调入区水资源开发利用现状及存在的主要问题。选择实际干旱年份，分析水资源短缺对群众生产、生活的影响，造成的经济损失和导致的生态环境问题，以及对区域经济社会发展带来的制约。

3.2.4　应从水资源开发利用水平、工程建设条件、生态环境影响、工程投资等方面，分析开发利用当地水资源的难度。

3.2.5　应从提高区域水资源承载能力、缓解城乡供水矛盾、提高城乡供水及农业灌溉保证率、减小对生态环境的影响或改善生态环境状况、促进经济社会高质量发展等方面，分析调水工程建设的作用和效益。

3.3　工程开发任务

3.3.1　应结合调水工程必要性论证和调水的紧迫性要求，统筹考虑工程各项开发任务的重要性、对工程规模的要求、工程所起的作用等因素综合论证工程开发任务及排序。

3.3.2　必要时可根据调水的轻重缓急程度、经济社会发展水平、资金筹措压力等因素，结合工程分期实施安排，提出工程分期任务及排序。

3.4　工程建设外部条件

3.4.1　应分析工程调入区、输水线路区、调出区和邻近有关地区的经济社会、生态环境、土地利用等外部因素，收集有关地区和部门对工程建设的意见和有关协议。

3.4.2　应分析需要与有关地区、部门等协调的主要问题、条件。

3.4.3　应分析影响工程立项建设的制约因素。

错误示例：

SL 430—2008 修订后的条文说明

3　工程建设的必要性和任务

3.2　工程建设的必要性

3.2.1　工程建设的必要性论证是对项目区经济社会发展地位、区域水资源供求关系与形势、工程建设任务的深度分析与高度总结。

3.3　工程开发任务

3.3.1　本条指出了论述调水工程的开发任务应考虑的因素。对工程开发任务应结合工程建设的必要性进行论述。开发任务排序可分为四个层次：一是将重要的、决定工程主要规模的任务排在"为主"的位置，二是将次要任务、对工程规模有一定影响的任务排在"结合"的位置，三是将解决问题相对较少、可以承担的任务排在"兼顾"的位置，四是将没有明确具体要求、且还需配合其他项目，但可起到一定解决问题作用的任务排在"创造条件"的位置。

　　通常，专用的调水工程的任务较为单一，一般与水源点，供水范围和供水对象一起描述，如"从某河流引水，满足某地区（城市）的城乡生活用水等"；另有一些调水工程利用天然河道、沟渠输水，需要承担供水、灌溉、航运、行洪、排涝、发电等多项功能（如南水北调东线、引江济淮等工程），其工程任务则需要结合工程建设必要性、工程规模等论证确定。

3.4　工程建设的外部条件

3.4.1　工程所在地区的生态、自然、社会、环境等因素，相关行业规划、有关部门和地区对工程建设的要求等外部条件，都会对工程的建设目标和任务产生影响，甚至制约项目的立项条件。充分调查、收集项目相关地区的行政主管部门对工程总体规划、工程规模、布置、效益和损失补偿等方面的要求和建议，统筹考虑，并遵循国家有关政策和法规，提出初步解决方案和措施。

> 1) 该章节的变化未说明；
> 2) 条款内容的增加、修改以及删除等变化以及相关依据未逐条说明。

（4）条文说明中公式编号和表述。条文说明中公式的编号不同于正文中公式的编号。

示例：

6.1　一般规定

6.1.2　为减少模型变形观测的误差， 应 采用较大的模型尺寸。根据模型尺寸和原型构筑物的尺寸， 按公式（6.1.2-1） 确定模型率。

$$N = \frac{L_p}{L_m} \qquad (6.1.2-1)$$

式中　L_p——原型构筑物尺寸；
　　　L_m——模型尺寸。

> 1) 条文说明中公式的编号有误，应从阿拉伯数字1开始。
> 2) 条文说明中不允许有技术规定。"应"改为陈述语句"一般"。

更正：

6.1　一般规定

6.1.2　为减少模型变形观测的误差，一般采用较大的模型尺寸，再根据模型尺寸和原型构筑物尺寸，用公式（1）计算模型率 N：

$$N = \frac{L_p}{L_m} \qquad (1)$$

式中　L_p——原型构筑物尺寸；
　　　L_m——模型尺寸。

（5）条文说明中图的编号位置。该实例为水利工程建设类行业标准。

错误示例：

> **3** 混凝土、浆砌或灌砌石护坡具有较好的整体性，外表美观，抗波浪能力较强，管理方便。但适应变形能力差，当岸坡发生不均匀沉陷时，砌缝容易出现裂缝。应在堤身土体充分固结，基础沉降已基本完成，且土坡基本稳定后施工，经稳定厚度计算，确定护面厚度。混凝土灌砌石，虽然造价稍高于浆砌石，但是砌筑质量要优于浆砌石，宜用不低于 M10 的水泥砂浆或 C20 混凝土灌砌，并应按第 8.5.3 条的规定设置沉降缝。反滤垫层厚度 30cm～40cm，反滤垫层底面可根据需要铺设土工织物或砂。浆砌（混凝土灌砌）块石护坡结构如图 12 所示。
>
>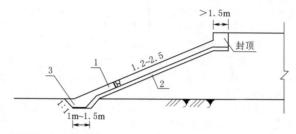
>
> 图 12　浆砌（混凝土砌）块石护坡结构示意图
> 1—M7 砂浆或 C15 混凝土灌砌块石，厚 30cm～40cm；
> 2—反滤垫层，厚 30cm～40cm；3—护脚；4—封顶
>
> **4** 不直接临海的堤段，要考虑堤岸的生态恢复效应。非风暴潮时，临迎海侧护面应与堤身一体，成为海边的一道靓丽的自然风

更正：

> **3** 混凝土、浆砌或灌砌石护坡具有较好的整体性，外表美观，抗波浪能力较强，管理方便。但适应变形能力差，当岸坡发生不均匀沉陷时，砌缝容易出现裂缝。应在堤身土体充分固结，基础沉降已基本完成，且土坡基本稳定后施工。经稳定厚度计算，确定护面厚度。混凝土灌砌石，虽然造价稍高于浆砌石，但是砌筑质量要优于浆砌石，宜用不低于 M10 的水泥砂浆或 C20 混凝土灌砌，并应按第 8.5.3 条的规定设置沉降缝。反滤垫层厚度 30cm～40cm，反滤垫层底面可根据需要铺设土工织物或砂。浆砌（混凝土灌砌）块石护坡结构如图 12 所示。
>
>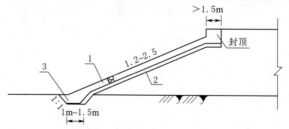
>
> 1—M7 砂浆或 C15 混凝土灌砌块石，厚 30cm～40cm；
> 2—反滤垫层，厚 30cm～40cm；3—护脚；4—封顶
> **图 12　浆砌（混凝土砌）块石护坡结构示意图**
>
> **4** 不直接临海的堤段，要考虑堤岸的生态恢复效应。非风暴潮时，临迎海侧护面应与堤身一体，成为海边的一道靓丽的自然风

（6）条文说明中表的编号有误，应采用阿拉伯数字，按顺序编号。

错误示例：1）表的编号有误；2）条文说明中存在技术规定。

5.6.3 根据水库等级和淤积部位及机具设备应用条件等进行清淤方式比选。干式清淤<u>可选用</u>人工清淤或挖土机等机械设备。水下清淤<u>可选用</u>抓斗式、绞吸式、耙吸式、铲斗、链斗、气动泵、水力冲挖等型式设备，绞吸式、气动泵挖泥船等挖泥机具适应性<u>可参考表 5.6.3</u>。绞吸式挖泥船分为环保绞吸和普通绞吸两种形式，其中环保绞吸挖泥船在中小型水库清淤中更具优势。

表 5.6.3　　　　　　　　主要水下清淤设备适应性能表

项目	绞吸式挖泥船	气动泵挖泥船	DOP 挖泥船	水下机器人	深水型环保绞吸式挖泥船
挖泥精度	高	一般	一般	较高	高
防二次污染性能	一般	高	高	一般	高
泥浆浓度	一般	很高	一般	一般	一般
挖掘效率	高	高	一般	一般	高
挖掘深度	一般	很深	很深	很深	高
土质的适应性	强	一般	一般	一般	强

更正：

5.6.3 根据水库等级和淤积部位及机具设备应用条件等进行清淤方式比选。干式清淤一般选用人工清淤或挖土机等机械设备。水下清淤一般选用抓斗式、绞吸式、耙吸式、铲斗、链斗、气动泵、水力冲挖等型式设备，绞吸式、气动泵挖泥船等挖泥机具适应性参见表1。绞吸式挖泥船一般分为环保绞吸和普通绞吸两种形式，其中环保绞吸挖泥船在中小型水库清淤中更具优势。

表 1　　主要水下清淤设备适应性能表

项目	绞吸式挖泥船	气动泵挖泥船	DOP 挖泥船	水下机器人	深水型环保绞吸式挖泥船
挖泥精度	高	一般	一般	较高	高
防二次污染性能	一般	高	高	一般	高
泥浆浓度	一般	很高	一般	一般	一般
挖掘效率	高	高	一般	一般	高
挖掘深度	一般	很深	很深	很深	高
土质的适应性	强	一般	一般	一般	强

5 水利标准编写建议

标准编写人员是避免标准编写错误的第一道关口，标准体例格式审查人员是标准体例和编写质量把控的第二道关口。如何通过两道关口有效地做好"过滤"，首先要熟悉、掌握标准编写相关规定，其次提高大纲审查的实效性，科学选择、确立标准编写体例格式所依据的标准，在标准编制过程中严格按照编写体例格式要求，规范地将技术内容呈现出来。建议如下：

（1）提升标准化意识。充分利用水利标准化工作座谈会、中国水利学术年会标准化分会场等契机，系统宣介水利标准重要性、标准化发展新形势新任务新要求，进一步提升全行业标准化意识，充分调动各方积极性，形成广泛的学标准编标准用标准的良好氛围。

（2）明确标准属性。标准主管部门在水利标准列入《水利技术标准体系表》时就根据其内容，确定其标准属性（工程建设类或非工程建设类），避免编写人员因体例格式的不符合而进行的返工。

（3）制作标准编写模板。在标准编制过程中，标准主管部门为编制组提供各种体例格式的标准编写模板。标准编写人员在接到标准编制任务后，即可利用标准编写模板，将其标准技术内容按照给定的格式进行编排，节省编写人员查找标准编写相关规定的时间。

（4）制作标准编写常见问题实例手册。标准主管部门开展广泛调研，向标准编写人员、标准审查人员、标准使用人员征集标准编制过程中经常出现的疑惑或经常出现的错误，同时对标准质量实施评估，对不适宜之处进行汇总分析，将其案例制成《标准编写常见问题实例手册》，更好地指导标准的编写和审查。

（5）加强标准编写宣贯培训。针对不同人员采取多种培训方式。一方面，培养标准体例格式专家，除常规培训外，体例格式专家应该定期开展交流研讨，交流审查经验，确保审查尺度的一致性；另一方面，组织对标准编写人员进行培训，每项标准起草人中必须有一位起草人参加标准编写培训并取得合格证书。

附表　水利标准编写常用标准的区别与联系

分类	工程建设类 国家标准	工程建设类 水利行业标准	非工程建设类 水利行业标准	非工程建设类 国家标准
编写依据	《工程建设标准编写规定》	SL/T 1—2024	GB/T 1.1—2020	GB/T 1.1—2020
版面大小	32 开本 (140 mm×203 mm)		16 开本 (210 mm×294 mm)	
字体和字号	无		有单独章节做出相应规定	
封面 扉页	有		无	
封面 公告	有		无	
封面 备案号	应包括备案号	取消了备案号	备案号不适用于国家标准。行业标准和地方标准备案号应包括标准备案号	
封面 英文名称	除第一个单词首字母大写外，以及英文专有词，缩写词等，其余均应小写		各要素的第一个字母大写，其余字母小写	
封面 被代替	封面不显示被替代的标准	在标准编号的下面注明"替代"某标准	在标准编号的下面注明"替"某标准	
封面 发布单位	中华人民共和国住房和城乡建设部、中华人民共和国国家市场监督管理总局联合发布	中华人民共和国水利部发布	国家市场监督管理总局、国家标准化管理委员会发布	
页眉	无		从标准的目次开始在每页书眉位置应给出标准编号。单数页排在书眉的右侧，双数页排在书眉的左侧	
页码	前言无页码；目次页码从 1·1 开始连续排序；正文首页起用阿拉伯数字从 1 开始另编页码。页码单数页排在右下侧，双数页排在左下侧	目次无页码	从目次页到正文首页前，用大写罗马数字从 I 开始编页码	
公告页	有		无	

续表

分类	工程建设类		非工程建设类	
	国家标准	水利行业标准	水利行业标准	国家标准
编写依据	《工程建设标准编写规定》	SL/T 1—2024		GB/T 1.1—2020
标准名称　要求	应简练明确地反映标准主题			对文件所覆盖主题的清晰、简明的描述
标准名称　组成	宜由标准对象、用途和特征名三部分组成			所使用的元素应不多于以下三种： a) 引导元素：为可选元素，表示上述所属的领域； b) 主体元素：为必备元素，表示上述领域内文件所涉及的标准化对象。 c) 补充元素：为可选元素，表示上述标准化对象的特殊方向，或者给出某文件与其他文件之间的区分，或者给出某文件分为若干部分分之间的区分信息
标准名称　特征名	"规范"或"规程"作为特征名	"规范"或"规程""技术条件""导则""指南"等。并对其使用做出如下规定： 1) 强制性标准、技术性强的推荐性标准，采用"规范"； 2) 程序类的推荐性标准，采用"规程"； 3) 产品类标准中规定产品应达到的各项性能指标和质量要求的，采用"技术条件"； 4) 指导性技术性标准，采用"导则"；规定的推荐性标准规定的一般性、原则性、方向性的信息，指导或建议的推荐性标准，采用"指南"； 5) 涉及某主题的，采用"指南"。 SL/T 1还提出"亦可无特征名"。		不应包含"……标准""……国家标准""……行业标准"或"……标准化指导性技术文件"等词语。 宜用"术语""分类""图形符号""标志""符号、编码""试验方法""……的测定""规范""规程"等功能类型的词语，如《水文数据库表结构及标识符》

分类			工程建设类		非工程建设类	
			国家标准《工程建设标准编写规定》	水利行业标准 SL/T 1—2024	水利行业标准	国家标准 GB/T 1.1—2020
前言	编写依据	位置	在目次的前面	在目次的前面		在目次的后面
		起草规则	未要求	需表述		需列出
		任务来源	简要叙述	需表述	无需表述	无需表述
		编制工作		需表述		
		主要技术内容			无需表述	无需表述
		修订内容	未要求	需表述		
		历次版本信息		需列出		
		专利说明	未要求	标准内容中有涉及专利的，应注明专利免责内容，并采用"请注意本标准的某些内容可能涉及专利。本标准的发布机构不承担识别专利的责任"典型用语		需说明
		标准的管理部门	需给出管理部门、日常管理部门	需给出标准的批准部门，主持机构		需给出标准的提出和归口部门
		技术审查人员	需列出主要审查人员	只列出审查组长		无需列出
		体例格式审查人	无需列出	需列出		无需列出
		编写单位及邮编、通信地址	未要求	主编单位、参编单位及主要起草人		起草单位和主要起草人
		解释部门及邮编、通信地址		需列出		未要求
		内容框架	标准任务来源主要工作和主要技术内容；概述编制主要技术内容，简述主要变更情况；修订的标准，简述主要内容变化；强制性条文要求；编制具体技术内容机构、日常管理机构，以及主编单位和参编单位解释单位名称、邮编和通信地址；主编单位和主要审查人员名单	特定部分 { 标准任务规则；起草依据；分部分的标准，所属部分情况；替代的标准；修订的标准，简述主要变化；注明专利免责内容；本标准主持机构；本标准主要解释单位；参编单位（如有）；} 基本部分 { 出版、发行审查会议技术审查负责人；本标准审查体例格式审查人；本标准主要起草人，发行审查体例格式审查人；本标准主持机构的通信地址，电话号码和主管机构的电子邮箱等 }	需列出	起草依据的标准；与其他标准的关系；与国际文件的关系；与替代标准的关系；专利说明；提出和归口单位信息；起草单位；主要起草人；历次版本信息

续表

分类		工程建设类		非工程建设类	
		国家标准	水利行业标准	水利行业标准	国家标准
编写依据		《工程建设标准编写规定》	SL/T 1—2024	GB/T 1.1—2020	
目次	次序	"目次"排在"前言"之后;"前言"不列入"目次"中		"目次"排在"前言"之前;"前言"列入"目次"中	
	目次中的页码	用(1)(2)……显示	用 1、2、3……显示	正文内容的页码用 1、2、3……显示	
	英文目次	有	无	前言用大写罗马字母表示	
	目次页码	目次页码从·1·开始连续排列	无	目次的页码大写罗马字母表示,从 Ⅰ 开始	
	目次中起始点	应从第 1 章按顺序列出		应从前言、第 1 章、第 2 章……按顺序列出	
	排放位置	第一章 第一节	第一章 第二条	第一章	
适用范围	表述与排版	1 总则 1.0.1 编写目的 1.0.2 本标准适用于……	1 总则	1 范围 本标准规定了……。 本标准适用于……。	
	内容要求	1 应与标准名称及其规定的技术内容相一致。 2 在规定的范围中,有不适用的内容时,应指明标准明确不适用的范围。 3 不应规定参照执行的范围	1 应与标准名称及其内容相一致 2 不应包含规定,要求以及"参照执行"的范围 3 如有不适用范围,应予明确规定	使用陈述型条款,不应包含要求、指标、推荐型条款。范围中不应陈述可在引言中给出的背景信息	
章节编排	前言和目次	前言在先,目次在后	前言在先,目次在后	目次在先,前言在后	
	页眉	无页眉		有页眉	
	层次设置	章、节、条、款、项	章、节、条、款、项	章、条、列项	
	排版位置	每章另起一页 章、节居中,条靠左侧	每章另起一页 章居中,条靠左侧	连续,不换页 章、条靠左侧	

续表

分类	工程建设类		非工程建设类	
	国家标准	水利行业标准	水利行业标准	国家标准
编写依据	《工程建设标准编写规定》	SL/T 1—2024	GB/T 1.1—2020	GB/T 1.1—2020

章节内容

标准的构成（国家标准《工程建设标准编写规定》）：

- 前引部分：封面、发布公告、前言、目次
- 正文部分：总则（目的、范围、总体要求、引用标准）、术语和符号、技术要求、附录
- 补充部分：标准用词说明、历次版本信息
- 隔页
- 条文说明：目次、制修订说明、条文的解释说明

水利行业标准 SL/T 1—2024：

- 前引部分：封面、扉页、公告、前言、目次
- 正文部分：总则（目的、适用范围、共性要求、执行相关标准）、术语和符号、技术要求、附录
- 补充部分：标准用词说明、历次版本信息
- 隔页
- 条文说明：目次、制修订说明、条文的解释说明

水利行业标准 GB/T 1.1—2020：

- 封面（必备）
- 目次（必备）
- 前言（必备）
- 引言（可选）
- 范围（必备）
- 规范性引用文件（必备/可选）
- 术语和定义（必备/可选）
- 符号和缩略语（必备）
- 核心技术要求（必备）
- 标准版本信息（可选）
- 参考文献（可选）

国家标准 GB/T 1.1—2020：

- 封面（必备）
- 目次（可选）
- 前言（必备）
- 引言（可选）
- 范围（必备）
- 规范性引用文件（必备/可选）
- 术语和定义（必备/可选）
- 符号和缩略语（必备）
- 核心技术要求（必备）
- 参考文献（可选）
- 索引（可选）

编号

国家标准（工程建设类）——附录E 标准层次结构示例：

- 章（附录）：1、2、3、4、5、6、7、9……　A、B、C、D、E
- 节：6.1、6.2、6.3、6.4、6.5、6.6……　E.1、E.2……
- 条：1.0.1、1.0.2、1.0.3……　6.4.1、6.4.2、6.4.3、6.4.4、6.4.5、6.4.6、6.4.7、6.4.8　9.0.1、9.0.2、9.0.3、9.0.4、9.0.5　B.0.1、B.0.2　E.2.1、E.2.2、E.2.3、E.2.4
- 款：1、2、3、4、5……　1、2……　1、2……
- 项：1)、2)、3)、4)……　1)……　1)、2)……

非工程建设类——附录A（资料性）各层次条编号示例：

下面给出了层次编号的示例。

示例：

- 章编号：
  - 1
  - 2
  - 3 范围
  - 4 规范性引用文件
  - 5 术语和定义
  - 6
  - 7
  - 8
  - 9
  - 10
  - 11
  - 12
  - 附录A
  - 附录B
  - 附录C
- 层次编号：
  - 6.1
  - 6.2
  - 6.3
  - 6.4
  - 6.3.1、6.3.2、6.3.3、6.3.4、6.3.5
  - 6.3.4.1、6.3.4.2、6.3.4.3、6.3.4.4
  - 6.3.4.4.1、6.3.4.4.2
  - B.1、B.3、B.4、B.5　C.1、C.2
  - B.3.1、B.3.2、B.3.3、B.3.4

分　类		工程建设类		非工程建设类	
		国家标准《工程建设标准编写规定》	水利行业标准 SL/T 1—2024	水利行业标准	国家标准 GB/T 1.1—2020
编写依据		《工程建设标准编写规定》	SL/T 1—2024		GB/T 1.1—2020
章节编排	局部修订章、节、条、款编号	1　修改条文的编号不变。 2　对新增条文，可在节内按顺序依次增编号，也可按原有条文编号后加注大写正体丁字母编号，如在第3.2.4条与3.4.5条之间补充新的条文，其编号为"3.2.4A""3.2.4B"。若需要在某一节第一条之前增加内容，可采用数字"0"编号，可在第3.1.1条之前补充新的条文，如在第3.1.1条之前补充新的条文，其编号为"3.1.0""3.1.0A""3.1.0B"。 3　对新增的节，应在相应的章内按增增编号。 4　对新增的章，应在标准的正文后按顺序依次递增编号。 5　删除的章、节、条，应列出原条编号，并在编号后加"此章、节、条删除"字样	1　修改条文的编号不变。 2　对新增条文，可在节内按顺序依次增编号，后加注大写正体丁字母编号，如在第3.2.4条与3.4.5条之间补充新的条文，其编号为"3.2.4A""3.2.4B"。若需要在某一节第一条之前增加内容，可采用数字"0"编号，其编号为"3.1.0""3.1.0A""3.1.0B"。 3　对新增的节，应在相应的章内按增增编号。 4　对新增的章，应在标准的正文后按顺序依次递增编号。 5　删除的章、节、条后编号，并在编号后加"此章、节、条删除"字样	—	
	局部修订章、节、条、款标识	新增或修改的条文，应在其相应的章内容下方加横线标记。删除的章、节、条，应列出原编号，并在编号后加"此章、节、条删除"字样	新增或修改的条文，应在其内容的章内横线标记。删除的章、节、条，应列出原编号，并在编号后加"此章、节、条删除"字样	—	
引用标准	排放位置	"引用标准名录"单独作为一章，放在"条文说明"前面	作为"总则"中的一条	—	"规范性引用文件"作为必备/可选要素，单独作为一章"2 规范性引用文件"
	章节要求	若无，可无该章	若无，可无该条	若无，应在章的标题下给出"本文件没有规范性引用文件"	—
	表达形式	示例：排版居中引用标准名录《防洪标准》GB 50201《泵站设计标准》GB 50265《水利水电量和单位》SL 2	示例： 1.0.x　本标准主要引用下列标准： GB 50201　防洪标准 GB 50265　泵站设计标准 SL 2　水利水电量和单位	2　规范性引用文件 下列文件对于本标准的应用是必不可少的。凡是注日期的引用文件，仅注日期的版本适用于本标准。凡是不注日期的引用文件，其最新版本（包括所有的修改单）适用于本标准。 GB 50201　防洪标准 GB 50265　泵站设计标准 SL 2　水利水电量和单位	—
	引导语	无	本标准主要引用下列标准：	下列文件中的内容通过文中的规范性引用而构成本文件必不可少的条款。其中，注日期的引用文件，仅该日期对应的版本适用于本文件；不注日期的引用文件（包括所有的修改单）适用于本文件	下列文件中的内容通过文中的规范性引用而构成本文件必不可少的条款。其中，注日期的引用文件，仅注日期的版本（包括所有的修改单）适用于本文件；不注日期的引用文件，其最新版本（包括所有的修改单）适用于本文件

续表

分类	工程建设类		非工程建设类	
	国家标准	水利行业标准	水利行业标准	国家标准
编写依据	《工程建设标准编写规定》	SL/T 1—2024		GB/T 1.1—2020
引用标准（引用要求）	国标标准、行业标准可以引用国家标准或行业标准，不应引用地方标准；地方标准可以引用国家标准、行业标准或地方标准。被引用的行业标准或地方标准必须是经备案的标准。强制性条文中引用其他标准时，必须表示执行该被引用标准的有关规定。同时执行被引用标准中强制性条文时，必须执行被引用标准中非强制性条文的有关规定	引用标准应为现行有效的国家标准、国家标准、行业标准和企业标准。国家标准优先引用国际标准，如果国际标准有对应的等同采用的国家标准，则应引用相应的国家标准；否则采用相关内容结合本文编写的实际，作为标准的正式条文列入，并在条文说明中说明其及出处。引用标准的组成部分。标准正文和附录中未提及被引入引用标准不应列入引用标准清单	引用文件排列顺序： a）国家标准化文件； b）行业标准化文件； c）本行政区域的地方标准化文件； d）团体标准化文件； e）ISO、ISO/IEC 或 IEC 标准化文件； f）其他国际标准化组织的标准化文件； g）其他文献。 其中，国家标准、ISO 或 IEC 标准按文件顺序号排列；行业标准、地方标准、团体标准、其他国际标准化文件按文件代号的拉丁字母和/或阿拉伯数字的顺序排列，再按文件顺序号排列	
	对标准条文中引用的标准在其修订后不再适用时，应指明被引用标准的名称、代号、顺序号、年号。对标准条文中被引用的标准在其修订后仍然适用时，应指明被引用标准的名称、代号和顺序号，不写年号	当引用标准的最新版本（包括所有的修改单）适用于本标准时；当引用某个有修改单的标准时，应写明某个标准的具体条文号，不写标准发布年号	注日期引用：引用的指定版本适用。凡不能确定是否能够接受被引用文件将来的所有变化，或者提及了被引用文件中的具体章、条、图、表或附录的编号，均应注日期。注日期引用时，被引用文件的所有变化（包括所有的修改单）适用。 不注日期引用：被引用文件的最新版本（包括所有的修改单）适用。只有能够接受被引用文件将来的所有变化（尤其是对于规范性引用），并且引用了完整的文件，或者未提及被引用文件具体内容的编号，才可不注日期。不知日期引用的表述不应指名称代号	
术语（要求）	同一术语或符号应始终表达同一概念，同一概念应始终采用同一术语或符号		宜尽可能界定表示一般概念的术语，而不界定表示具体概念的组合术语。 术语应使用陈述型，既不应包含要求型条款，也不应写成要求的形式，附加信息应以示例或注的形式给出	

续表

分类		工程建设类		非工程建设类	
		国家标准	水利行业标准	水利行业标准	国家标准
编写依据		《工程建设标准编写规定》	SL/T 1—2024		GB/T 1.1—2020
术语	引出语	无引出语	1) 如果仅列所列术语及其定义适用，采用"下列术语及其定义适用于本标准"。2) 如果仅同级或其上级标准界定的术语及其定义适用，应采用"……（标准编号）界定的术语及其定义适用"的引导语。3) 如果术语除了同级或其上级标准定义，采用"……"界定的以及下列标准界定的术语及其定义适用，还有所列的术语及其定义适用，采用"……（标准编号）界定的以及其定义适用于本标准"的引导语。	术语条目应由下述适当的引导语引出：——仅仅界定的术语和定义也适用时，使用"下列术语和定义适用于本文件"。——其他文件界定的术语和定义适用时，使用："……界定的术语和定义适用于本文件"。——仅仅其他文件界定的术语和定义及下列文件界定的术语和定义适用时，使用："……界定的以及下列文件界定的术语和定义适用于本文件。"	
	排放位置	条款号＋术语中文名称和英文名称	条款号＋术语中文名称、英文名称，顶格	第 3 章、条款号顶格；术语中文名称换行，英文名称换行，空两格空格	
	编号	×.×.× 或×.0.×	×.×.×或×.0.×	3.×或 3.×.×	
标准助动词	要求	必须	必须	—	—
		严禁	严禁	—	—
		应	应	应	应
		不应、不得	不应	不应	不应
	推荐	宜	宜	宜	宜
	不推荐/不建议	不宜	不宜	不宜	不宜
	允许	可	可	可	可
	可以不/无须	—	—	不必	不必
	能够/不能够	—	—	能/不能	能/不能
	有可能/没有可能	—	—	可能/不可能	可能/不可能

续表

分类	工程建设类 国家标准	工程建设类 水利行业标准	非工程建设类 水利行业标准	非工程建设类 国家标准
编写依据	《工程建设标准编写规定》	SL/T 1—2024		GB/T 1.1—2020
用词　要求	文字表达应逻辑严谨、简练明确，通俗易懂，不得模棱两可	标准的语言应准确、简明、易懂	需"人"做到的用"遵守"，需要"物"达到的用"符合"	
模糊词使用	表示严格程度的用词应恰当，并应符合各标准用词说明的规定	不应采用"一般""大约""尽量""左右""较长""大量""充分"等模糊词语。表示严格程度的用词应恰当。"原则上""基本达到""尽可能""力求""较多""适量"	"尽可能""尽量""慎重"等词语不应该与"应"一起使用表示要求，建议与"宜"一起使用表示推荐。"通常""一般""原则上""不宜"与"应""不应"一起使用表示要求，可与"宜""不宜"一起使用表示推荐	"充分考虑"（"优先考虑"）以及"避免""优先考虑"（"充分考虑"）等表示要求
前提条件表达	—	可使用"当……时，应……""……情况下，应……""只有/仅在……时，才应……""除非……特殊情况，不应……"等典型用语。"必要时""有前提条件时""不应"与"应"等词用词严格程度为"不应"级及以上，当有前提条件时，前提条件应是清楚、明确的	可使用"……情况下，应……""只有/仅在……时，应……""除非……特殊情况，不应……"等表示前提条件的要求。前提条件应是清楚、明确的	
图　编号　正文	图的编号同条号，如图 7.1.2-1	图的编号同条号，如图 7.1.2-1	从 1 开始顺延。如图 1，图 2	从 1 开始顺延，如图 1，图 2
编号　附录	与正文相同，如图 A.1.1-1	阿拉伯数字顺序，从 1 开始，如图 1，图 2	加附录的编号，如图 A.1，图 A.2	
编号　条文说明	图标题在图注的下方	图标题在图注的上方	无条文说明	
图标题位置	图标题在图注的下方	图标题在图注的上方		
表　编号　正文	表的编号同条号，如表 7.1.2-1	表的编号同条号，如表 7.1.2-1	从 1 开始顺延。如表 1，表 2	从 1 开始顺延，如表 1，表 2
编号　附录	与正文相同，如表 A.1.1-1	阿拉伯数字顺序，从 1 开始，如表 1，表 2	加附录的编号，如表 A.1，表 A.2	
编号　条文说明			无条文说明	
表标题位置	表标题后面	表标题在表的上方	表标题下一行的右侧	
单位位置	表标题后面		表标题下一行的右侧	

分　类		工程建设类		非工程建设类	
		国家标准	水利行业标准	水利行业标准	国家标准
编写依据		《工程建设标准编写规定》	SL/T 1—2024	GB/T 1.1—2020	
公式	要求	公式应只给出最后的表达式，不应列出推导过程。数学公式中不应使用计量单位的符号。公式中符号的注释首次出现时，不应再次重复注释	公式居中书写，公式编号右侧顶格		一个文件中同一符号不宜代表不同的量，可用下标区分表示相关概念的符号。数学公式宜避免使用多于一个层次的上标或下标，并避免使用多余两行的表示形式
	编号（正文）	公式的编号同条序号，并加圆括号，如公式（A.1.1-1）	公式的编号同条号，如公式（7.1.2-1）	从（1）开始顺延，如公式（1）、公式（2）	从（1）开始顺延，如公式（1）、公式（2）
	编号（附录）	与正文相同，从（1）开始，如公式（1）、公式（2）	阿拉伯数字顺序，从（1）开始，如公式（1）、公式（2）	加附录的编号，从1开始顺延。如表 A.1、表 A.2	加附录的编号。如表 A.1、表 A.2
	编号（条文说明）			无条文说明	无条文说明
	位置	公式中的符号在公式下方"式中"两字后注释	公式中的符号在公式下方"式中"两字后注释		
	解释（方式）	"式中"二字应左起顶格，加冒号。号后接写需注释的符号。如： 式中：W——×××； J——×××。 符号与注释之间应加破折号。当注释内容较多要换行时，每个符号注释均另起一行书写，各符号转折号后应对齐	"式中"二字应左起顶格，空两个字符后接写需注释的符号。如： 式中： W——×××； J——×××。	"式中"二字前空两个字符接后面冒号。式中后换行。如： 式中： W——×××； J——×××。	"式中"二字前空两个字符。式中后面加冒号。注释的符号解释部分换行。当注释内容多要换行时，换行首字应与折号后首字对齐
注	总要求	注释内容中不得出现插图、表或公式	注中不应出现图、表、公式，注的内容应包含技术规定和要求		注属于附加信息。"注"用小五号黑体
	条文注	当条文中有注释时，其内容应纳入条文说明	注宜少用，术语注宜纳入条文说明	条文脚注宜尽可能少	条文脚注宜可能少
	表注	可对表的内容作补充说明和补充规定	应给出理解或使用标准某一部分的附加信息	只给出有助于理解或使用文件内容的说明	只给出有助于理解或使用文件内容的说明

续表

分类		工程建设类		非工程建设类	
编写依据		国家标准《工程建设标准编写规定》	水利行业标准 SL/T 1—2024	水利行业标准 SL/T 1—2020	国家标准 GB/T 1.1—2020
注	要求·图注	不应对图的内容作规定，仅对图的理解作解释说明		应给出理解或使用标准某一部分的附加信息	示例中给出理解或使用标准某一部分的附加信息
	要求·脚注	用"脚注"、规定：脚注可对条文或表中的内容作解释说明，术语和符号不应采用脚注		脚注应给出理解或使用标准中某一词或某一概念的附加信息。术语和符不应采用脚注	除给出附加信息外，还可以包含要求型条款。编写脚注相关内容时应使用适当的能愿动词或句子语气词，以明确区分不同的条款类型
	要求·条文注	应采用1、2、3……顺序编号。注的字体应比正文字体小一号			
	要求·表注	表中只有一个注时，应在注的第一行文字前标明"注："；同一表中有多个注时，应标明"注1、2、3……"等	—	有多个注时，注编号应从"注1；"开始，即"注1；""注2；"等	
	编号·图注	—	—		
	编号·脚注	脚注应用阿拉伯数字按顺序编号，后加冒号	应采用阿拉伯数字按顺序编号。只有一个注时应只标明"注"字，后加冒号	脚注应用小写拉丁字母按顺序编号，后加冒号	条文脚注编号应从"前言"开始，全文连续，编号形式为后带半圆括号的阿拉伯数字，即1) 2) 3) ……等标明脚注。还可以用星号*、**、***等代替条文脚注编号。需注释的脚注应单独编号。图或表释的位置插入与图表脚注相同的上标形式的小写拉丁字母，即a、b、c等。从"a"开始的上标形式的小写拉丁字母
	位置·条文注	"注"所属条文下方，左起空二字书写，在"注"字后加冒号；接写注释内容；每条注释换行书写时，应与上行注释的首字对齐。可在条文的下方列出	可在条文的下方列出。条文注应左起空四个字符，换行后首字与注的内容首字对齐		只有一个注时，在注的第一行内容之前标明"注"。条文注置于所涉及的章、条或段之下

续表

分类		编写依据	工程建设类		非工程建设类	
			国家标准《工程建设标准编写规定》	水利行业标准 SL/T 1—2024	水利行业标准	国家标准 GB/T 1.1—2020
注	位置	条文脚注	应标注在所需注释内容的右上角	脚注的标识符号应标注在所需注释内容的右上角	条文脚应置于相关页下方左方的细实线之下。需注释的文字或符号之后插入脚注。还可用一个或多个星号，即*、**、***代替条文脚的数字编号	
		表注	表注应列于表格下方，采用"注"与其他注释区分	表注和表脚注的内容应列在表下方。表注和表脚注应左右空两个字符，换行后首字与表注首字对齐。在同一表中，当表注和表脚注同时存在时，应表注在先，表脚注在后	置于表内下方，表脚注之上	
		表脚注	—		表脚注应置于表内的最下方，并紧跟表中的注。从"a"开始的上标形式的小写拉丁字母，即ᵃ、ᵇ、ᶜ等	
		图注	图注列于图名的下方	图注和图脚注的内容应列在图下方。图注和图脚注应左起空两个字符，换行后首字与图注首字对齐。在同一图中，当图注和图脚注同时存在时，应图注在先，图脚注在后	置于图题和图脚注之上	
		图脚注	—		图脚注应置于图题之上，并紧跟图中的注	
引导语		引用标准	无引导语	"本标准主要引用下列标准："	下列文件中的内容通过文中的规范性引用而构成本文件必不可少的条款。其中，注日期的引用文件，仅该日期对应的版本适用于本文件；不注日期的引用文件（包括所有的修改单）适用于本文件	
		术语	无引导语	"下列术语及其定义适用于本标准。"	"下列术语及其定义适用于本文件"或"××××（标准编号）界定的以及下列术语及其定义适用于本文件"	
		符号	无引导语	"下列符号适用于本标准。"	"下列符号和缩略语适用于本文件""下列符号适用于本文件""下列缩略语适用于本文件"	

续表

分类		工程建设类		非工程建设类	
	编写依据	国家标准	水利行业标准	水利行业标准	国家标准
		《工程建设标准编写规定》	SL/T 1—2024		GB/T 1.1—2020
引导语	标准引用	—	应采用"符合×.×.×条的规定""按×.×.×条×款×项的规定""执行"等典型用语	典型用语示例： ——不注日期引用： "……按照 GB/T ×××× 确定的……" "……符合 GB/T ××××（所有部分）中的规定。" ——注日期引用： "……按日期引用其他文件……" "……按照 GB/T ××××.1—2011 描述的……"（注日期引用其他文件） "……履行 GB/T ××××—2009 第 5 章确立的程序……"（注日期引用其他文件的章） "……按照 GB/T ××××.1—2011 中 5.2 规定的……"（注日期引用其他文件中具体的节） "……遵守 GB/T ××××.1—2015 中 4.1 第二段规定的……"（注日期引用其他文件中具体的段） "……符合 GB/T ××××.1—2013 中 6.3 列项的第二项规定的……"（注日期引用其他文件中具体的列项） "……使用 GB/T ××××.1—2012 表 1 中界定的符号……"（注日期引用其他文件中具体的表）	
	条文引用	应采用"符合本标准（规范、规程）第*.*.*条的规定""按本标准（规范、规程）第*.*.*条的规定采用"等典型用语	"符合下列规定：""遵循下列原则：""执行下列要求：""规定如下：""包括下列内容：""采用下列方法："等典型用语	——规范性引用： "……按……"、"……应符合……的规定"、"……遵守……的规定" ——资料性引用： "……见……"、"GB/T ××……给出了……"	
	表	应采用"按表*.*.*的规定""表*.*.*的规定取值"等典型用语	应采用"按表×.×.×的规定""应符合表×.×.×的规定取值"等典型用语	示例： "……的技术特性应符合表×该处的特性值" "……的相关信息见表×"	
	图	无典型用语的规定	应采用"（见图×.×.×相符合）""与图×.×.×相符合"等典型用语	示例： "……的结构与图×相符合"见图×相符合" "……的循环过程见图×"	

147

续表

分类		编写依据	工程建设类		非工程建设类	
			国家标准《工程建设标准编写规定》	水利行业标准 SL/T 1—2024	水利行业标准	国家标准 GB/T 1.1—2020
引导语	公式		应采用"按本标准（规范、规程）公式（*.*.*）计算"等典型用语	应采用"按公式（×.×.×）计算"等典型用语		
	数值		描述偏差范围时，应采用"允许偏差为"的典型用语	表示绝对值相等的偏差范围时，应采用"最大允许偏差为"的用词，不应采用"允许偏差不大于""允许偏差不超过"等用词		
	附录		—	宜采用"……应符合附录×的规定""……应按附录×的规定执行""……应符合附录×中×.×.×条的规定""……见附录×"等表述形式	规范性附录：使用"……应符合附录×的规定""……按附录×的"等典型用语 规定："……"等典型用语 资料性附录：使用"……相关示例见附录×""……指南附录×"等典型用语	
附录	性质		不标识附录的性质，均为规范性附录		应标明附录的性质：规范性附录或资料性附录	
	效力		具有与正文同等的效力	具有与正文同等的效力，并应在正文中被引出	规范性附录：正文的补充或附加条款，以及下列文件提及附录的： a) 任何文件中，由要求型条款或指示型条款指明的； b) 规范性标准中，由"按"或"按照"指明试验方法的； c) 指南标准中，由推荐型条款指明的 资料性附录：有助于理解或使用文件的附加信息	
	编号		编号应采用由A开始的正体大写拉丁字母。如附录A、附录B等	编号应采用由A开始的正体大写拉丁字母，不应采用"I""O""X"三个字母。如附录A、附录B等	编号应采用由A开始的正体大写拉丁字母，如附录A、附录B等	
	位置		正文之后、条文说明之前	正文之后、参考文献之前	正文之后、参考文献之前	
	要求		—		不准许设置"范围""规范性引用文件""术语和定义"等内容	

续表

分类		工程建设类		非工程建设类	
		国家标准	水利行业标准	水利行业标准	国家标准
附录	编写依据	《工程建设标准编写规定》	SL/T 1—2024	GB/T 1.1—2020	
	章节编号	规则与正文相同，加附录的编号	从1开始顺延，如A.1，A.2		
	章位置	居中，一行：章编号+标题名		居中，分为三行，第一行：章的编号；第二行附录性质；第三行序房的标题名	
	节位置	居中，节的编号+标题名		无	
	条位置	顶格靠左		顶格靠左	
	效力	与标准正文部分和附录部分具有同等效力			
	要求	应解释说明条文制定的目的、主要依据、执行程度、预期效果和执行中应注意的事项。不应对条文内容作补充性规定或加以延伸。必要时可增加工程实例			
条文说明	用词用语	应使用陈述性语言，不应使用"应""宜""可"等标准用词		无需条文说明	
	关注点	不应写入有损公平、公正原则的内容，如单位名称、产品型号、人员名单等			
	修订标准	应说明包括标准名称变更、标准制订修订变化等重大事项、修改的必要性及修改的条文宜保留原条文，未修改的依据需要重新进行说明			
数字	数字	应采用正体阿拉伯数字。但在叙述性文字段中，表达非物理量的数字为一至九时，可采用中文数字书写。例如："三力作用于一点"	应采用阿拉伯数字，但在叙述性文字段中表示非物理量小于九等于九的数字，大于九的数字应采用阿拉伯数字。示例1：三力作用于一点	表示物理量的数值，应使用后跟法定计量单位符号的阿拉伯数字	
	数和数值	当书写的数值小于1时，必须写出前定位的"0"。例如：0.001。书写四位和四位以上的数字，应采用三位分节法。例如：10，000	纯小数应写出小数点前定位的"0"	数字的用法应遵守 GB/T 15835 的规定	

续表

分类		工程建设类		非工程建设类	
	编写依据	国家标准《工程建设标准编写规定》	水利行业标准 SL/T 1—2024	水利行业标准	国家标准 GB/T 1.1—2020
数字	数和数值	分数、百分数和比例数的书写，应采用数学符号表示。例如：四分之三、百分之三十四和一比三点五，应分别写成 3/4、34% 和 1:3.5	分数、百分数和比例数应采用数学符号表示		
		—	表示量的数值，应反映出所需要的有效位数应全部写出。数值的精确度		
		—	数值相乘应采用"×"，不应用"·"	符号叉（×）应该用于表示以小数形式写作的数和数值的乘积，向量积和笛卡尔积。符号居中圆点（·）应该用于表示向量的乘积和类似的情况，还可用于表示标量的乘积以及组合单位，乘号可省略。在一些情况下，乘号可省略。GB/T 3102.11 给出了数字乘法符号的概览	
		带有长度单位的数值相乘，应按下列方式书写：外形尺寸 $l×b×b$(mm)：240×120×60，或 240mm × 120mm × 60mm，不应写成 240×120×60mm	带有长度计量单位的数值相乘，应采用下列示例中的正确书写方法：示例：正确书写 80 mm×250 mm×500 mm 不正确书写 80×250×500 mm^3	尺寸应以无歧义的方式表示。示例：80 mm×25 mm×50 mm，不写成 80×250×500 mm 或（80×250×500）mm	

续表

分 类		工程建设类		非工程建设类	
编写依据		国家标准《工程建设标准编写规定》	水利行业标准 SL/T 1—2024	水利行业标准 SL/T 1—2024	国家标准 GB/T 1.1—2020
数字	数和数值	当多位数的数值表达时，·有效位数中的"0"必须全部写出。例如：100 000 这个个数，若已明确其有效位数是三位，则应写成 $100×10^3$，若有效位数是一位则应写成 $1×10^5$。多位数数值不应断开换行，换页	当多位数的数值需采用乘以 $10n$ 的写法表示时，有效位数中的"0"应全部写出（n 为整数）	表示平面角的度、分和秒的单位符号应在数值之后；其他单位符号前均应空一个字符的间隙	—
				平面角宜用单位度（°）表示，例如，写作 17.25°	
	尺寸和公差	带示例偏差范围的数值应按下列示例书写： $20℃±2℃$ 或 $(20±2)℃$，不应写成 $20±2℃$； $20^{+2}_{-1}℃$，不应写成 $20.65±.05$； $0.65±0.05$，不应写成 $0.65±.05$； 50^{+2}_0，不应写成 $50^{+2}_0 mm$； $(55±4\%)$，不应写成 $55±4\%$ 或 $55\%±4\%$	带有表示偏差范围的数值应以无歧义的方式表示	公差或以无歧义的范围值表示。通常适用最大值、最小值、带有公差的值或数量表示 示例 1：$80μF+2μF$ 或 $(80±2)μF$（不写作 $80±2μF$） 示例 2：$80^{+2}_0 mm$（不写作 $80^{+2}_{-0} mm$） 示例 3：$80^{+50}_{-25}μF$ 示例 4：$10kPa～12kPa$（不写作 $10～12kPa$） 示例 5：$0℃～10℃$（不写作 $0～10℃$） 百分率带有公差应以正确的数学形式表示。 示例 1：用 "$63\%～67\%$" 表示范围。 示例 2：用 "$(65±2\%)$" 表示带有公差的值（不写作 "$65±2\%$"）或 "$65±2\%$" 的形式。	

续表

分　类	工程建设类		非工程建设类	
	国家标准	水利行业标准	水利行业标准	国家标准
编写依据	《工程建设标准编写规定》	SL/T 1—2024	—	GB/T 1.1—2020
数字　尺寸和公差	标准中标明量的数值，应反映出所需的精确度。数值的有效位数应全部写出。例如：级差为0.25的数列，数列中的每一个数均应精确到小数点后第二位	在叙述性文字段中，表示绝对值相等的偏差范围时，应采用"最大""允许偏差为""允许偏差不大于""允许偏差不超过"等用词	—	—
	表示参数范围的数值，应按下列方式书写： 10N~15N 或 (10~15)N，不应写成10~15N； 10%~12%，不应写成10~20%； 1.1×10⁵~1.3×10⁵，不应写成1.1~1.3×10⁵； 18°36′30″~18°36′30″; 18°30′~18°30′，不应写成18°30′~30′	表示参数范围的数值应采用浪纹式连接号"～"，前后计量单位应写出，应采用下列示例中的正确书写方法	—	—
量、单位及其符号	标准中的物理量和数值的单位应采用符号表示，不应使用中文、外文单词（或缩略词）代替	计量单位的用法应符合 GB 3100、GB 3101、GB 3102 以及 SL 2 的规定	应从 GB/T 3101、GB/T 3102（所有部分）、ISO 80000（所有部分）和 IEC 80000（所有部分）以及 GB/T 14559、IEC 60027（所有部分）中选择并符合其规定。进一步的适用规定见 GB 3100	—
	在标准中应正确使用符号。单位的符号应采用正体字母。物理量的主体字母应采用斜体字母。上角标、下角标应采用正体字母，其中代表数的 i、j 为斜体字母，代号应采用正体字母	标准中表示量的符号应采用斜体字母，表示计量单位的符号应采用正体字母。符号的上标、下标应采用正体字母，其中代表序数的 i、j 为斜体		

续表

分类		工程建设类		非工程建设类	
		国家标准	水利行业标准	水利行业标准	国家标准
编写依据		《工程建设标准编写规定》	SL/T 1—2024		GB/T 1.1—2020
量、单位及其符号	当标准条文中列有同一计量单位的系列数值时，可仅在最末一个数值后出单位的符号。例如：10、12、14、16 MPa	在标准中表示量值时，应标明其计量单位	—	—
	符号代表特定的概念、代号代表特定的事项。在条文叙述中，不得使用符号代替文字说明	在叙述性文字段中，应采用下列符号的正确书写方法。示例：正确书写 钢筋每米重量 混凝土 12 万立方米 测量结果以百分数表示 搭接长度应大于等于 12 倍板厚 搭接长度应小于等于 12 倍板厚 不正确书写 钢筋每 m 重量 混凝土 12 万 m³ 测量结果以 % 表示 搭接长度应≥12 倍板厚 搭接长度应≤12 倍板厚		
标点符号	—	标点符号的用法应符合 GB/T 15834 的规定		
	图名、表名、公式、表栏标题、不应采用标点符号；表中文字可使用标点符号，最末一句不用句号	标准名称、章节标题、图名、表名和表栏标题、不宜使用标点符号		
	在条文中不宜采用括号方式表达条文的补充内容；当需要使用括号时，括号内的文字应与括号前的内容表达同一含义	—		未单独规定

153

续表

分类	工程建设类		非工程建设类	
	国家标准《工程建设标准编写规定》	水利行业标准 SL/T 1—2024	水利行业标准	国家标准 GB/T 1.1—2020
编写依据		—	GB/T 1.1—2020	
标点符号	标点符号应采用中文标点书写格式，句号应采用"。"，不采用"."；范围符号应采用"~"，不采用"-"；连接号应采用"-"，只占半格，写在字间；破折号占两格	—	未单独规定	
	每个标点符号应占一格。各行开始的第一格不用标点符号，引号、括号、书名号和书名号其他标点符号，不得书写在行首，标点符号可书写在上行末，但不占一格	—		
		表中文字可使用标点符号，最末一句不用标点符号		
	"注"中或公式的"式中"，其中间注释结束后加分号，最后的注释结束后加句号	项、公式中符号要素、并列要素的注释，除最末一个项、注释、并列要素文字结束应用句号外，其他项、注释、并列要素文字结束应用分号		
		款的文字结束应加句号		
	标准条文及条文说明应采用国家正式公布实施的简化汉字	在条文中不宜采用括号方式表达条文的补充内容；当需要使用括号时，括号内的文字应与括号前内容表达同一含义		
参考文献	无	单独成章	单独成章	

参 考 文 献

［1］ 胡孟. 水利标准化理论与实践［M］. 北京：中国水利水电出版社，2015.

［2］ 曹阳. 规范标准体例格式提高标准编写质量［J］. 水利技术监督，2011（1）：4-5.

［3］ 住房和城乡建设部. 工程建设标准编写规定［Z］. 2008.

［4］ 住房和城乡建设部. 工程建设标准局部修订管理办法［Z］. 1994.

［5］ GB/T 1.1—2020 标准化工作导则 第1部分：标准化文件的结构和起草规则［S］.

［6］ SL/T 1—2024 水利技术标准编写规程［S］.

［7］ JJF 1002—2010 国家计量检定规程编写规则［S］.

［8］ JJF 1071—2010 国家计量校准规范编写规则［S］.

［9］ JJF 1001—2011 通用计量术语及定义［S］.

［10］ JJF 1059.1—2012 测量不确定度评定与表示［S］.

［11］ GB/T 20001.1—2001 标准编写规则 第1部分：术语［S］.

［12］ GB/T 20001.2—2015 标准编写规则 第2部分：符号标准［S］.

［13］ GB/T 20001.3—2015 标准编写规则 第3部分：分类标准［S］.

［14］ GB/T 20001.4—2015 标准编写规则 第4部分：试验方法标准［S］.

［15］ 胡孟，吴剑，郭平，等. 水利工程建设类与非工程建设类标准界定原则探讨［C］//中国水利学会2010年学术年会论文集（下册）. 郑州：黄河水利出版社，2010.

［16］ 于爱华，李志平. 水利技术标准编写常用体例格式［J］. 水利技术监督，2018（1）：4-6.